"十三五"国家重点出版物出版规划项目

前沿科技普及丛书

寻找
生命密码

宋晓元 著
曹 俊

EXPLORING

LIFE

CODES

中国科学技术大学出版社

内 容 简 介

本书从大千世界的生命现象入手,介绍一些基本的生物学概念,然后用一些有趣的比喻引导青少年进入基因世界,开启寻访基因的奇妙之旅。全书共7讲,包括寻找遗传物质、生命的螺旋阶梯、秩序森严的细胞王国、基因的魔力、玩转基因、转基因的空间、表观遗传学等。

本书适合青少年阅读。

图书在版编目(CIP)数据

寻找生命密码/宋晓元,曹俊著.—合肥:中国科学技术大学出版社,2020.7
(前沿科技普及丛书)
ISBN 978-7-312-04683-4

Ⅰ.寻… Ⅱ.① 宋… ② 曹… Ⅲ.基因—青少年读物 Ⅳ.Q343.1-49

中国版本图书馆CIP数据核字(2019)第073933号

XUNZHAO SHENGMING MIMA

出版	中国科学技术大学出版社 安徽省合肥市金寨路96号,230026 http://press.ustc.edu.cn https://zgkxjsdxcbs.tmall.com	**开本** **印张** **字数**	710 mm×1000 mm 1/16 6 92千
印刷	鹤山雅图仕印刷有限公司	**版次**	2020年7月第1版
发行	中国科学技术大学出版社	**印次**	2020年7月第1次印刷
经销	全国新华书店	**定价**	50.00元

本书有少量图片来自于网络,编者未能与著作权人一一取得联系,敬请谅解。请著作权人与我们联系,办理签订相关合同、领取稿酬等事宜,联系电话0551-63600058。

现实生活中的你可能率直豪爽、能言善辩，也可能稳重内向、少言寡语；可能身材高挑、容貌秀美，也可能短小精悍、相貌普通；可能身心健康、精神抖擞，也可能身体柔弱、容易疲惫。为什么人与人之间会有这么大的个体差异呢？什么决定了我们的生、长、病、老、死？

小到一草一木，大到宇宙空间，科学家一直热衷于探索身边的各种事物，试图用数学、物理、化学、医学等理论揭示人类自身的奥秘。让我们一同进入时光隧道，跟随着科学家的脚步攀登遗传学的山峰吧！

餐桌上的豌豆想必很多人都认得，但你知道豌豆园里的豌豆苗长什么模样吗？重返这片孕育生命法则的豌豆园，我们可以和孟德尔一起去发现遗传分离定律和自由组合定律。我们也可以跟随白眼果蝇舞动的翅膀，前往摩尔根的果蝇室，了解由白眼果蝇繁衍成的一个庞大家系是如何一步步建立起经典遗传学的宏伟大厦，彻底扭转人类认识染色体、基因及生物遗传模式的混乱局面的。"21世纪生物学中最伟大的发现"——DNA双螺旋结构的提出，将遗传学的研究深入到分子层面，人们清楚地了解了遗传信息的构成和传递的途径。人类基因组计划的成功实施,将一部反复写着 A、T、C、G 的鸿篇巨制展现在世人面前,标志着人类探索生命奥秘的进程和生物技术的发展进入了一个崭新的时期。这部包含了 30 多亿个核苷酸的"天书"蕴含了人类生长、发育、衰老的机要信息。人们期盼这个划时代的成就可以使人类对自身和疾病的认识产生革命性变化。然而几十年过去了,科学家对隐藏在书里的机密仍然所知甚少,不清楚应该如何将编码在 DNA 序列上的一维序列与在四维时空里生命体的表现合理有效地联系在一起。"草蛇灰线,伏脉千里",如神秘组织非编码 RNA 的异军突起、染色质三维空间构象的细微变换,让科学家深感要真正地解析遗传密码还有很长很长的路要走。

生命过程如此精彩,环境这一角色永远不会缺席。DNA 双螺旋结构发现者、诺贝尔奖获得者詹姆斯·沃森说:"你可以继承 DNA 序列之外的一些东西,这正是遗传学让我们激动的地方。"饮食、生活方式等环境因素也在通过独有的方式调节着 DNA,并对人类的生活发挥影响。表观遗传学的提出是对经典遗传学的完善和补充,它将人类对生命过程的认识又向前推进了一大步。

遗传学就是这样,在构建—推翻—再构建中曲折前行。行动的力量胜过千言万语,期待广大青少年朋友们将来加入遗传学研究的行列中,为解读人类生命密码做出自己的贡献。

目录 CONTENTS

第1讲　寻找遗传物质

如果你拥有一盏阿拉丁神灯，你愿意在精灵的帮助下穿越回古代，成为一国之君吗？你会拥有至高无上的权力哦！不过，要是你一不小心重生在哈布斯堡王室，那么你的这次穿越之旅就会多多少少有了一些瑕疵。因为你在拥有权力和财富的同时，也会继承一种"高贵"的王室病。

哈布斯堡家族是欧洲历史上影响力最大的王室，其家族成员曾出任德意志、奥地利、匈牙利、波西米亚、西班牙等多个国家的君主，权倾几个世纪。

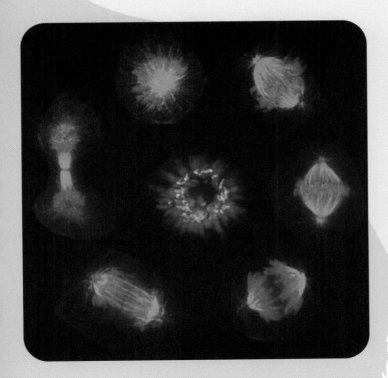

有丝分裂（桂萍拍摄，中国科学技术大学生命科学学院供图）

注 图中外圈为处于有丝分裂各时期的人胚胎滋养层细胞，该细胞对于早期胚胎的生长发育至关重要；中间是经过小分子抑制剂处理的一种癌细胞（HeLa细胞），该癌细胞被阻滞于有丝分裂前中期，其染色体数目多于同时期的正常体细胞。

出于维护家族利益的目的,为了巨额财富不致分散,也为了保证血统的"纯洁高贵",在数百年的时间里,哈布斯堡家族大力倡导王室内部近亲通婚。这种愚昧的做法导致的直接后果就是基因突变——哈布斯堡唇在家族中传承了近500年。其典型的外貌特征就是长长的下颌向前突出,嘴巴难以合拢,俗称"地包天"。

相比欧洲频繁地近亲通婚,中国的情况要好很多。我们的祖先早在两千多年前就已经意识到近亲结婚的危害。《左传·僖公二十三年》记载:"男女同姓,其生不蕃。"即同一个家族姓氏的男女结婚,其后代就不昌盛或子孙难以繁衍,甚至还会带来各种疾病。除了同姓不能结婚外,古人也从家族伦理的角度进一步规范通婚行为,于是有了"五服以内亲属禁止结婚"的禁忌,这里的"五服"即现在的"五代"。

哈布斯堡家族成员之一:查理五世

有家族遗传病史的人都会担心下一代的健康。遗传病是由遗传物质发生改变而引发的，具有先天性、终身性、遗传性等特点，一般在出生后过一段时间才会发病，甚至若干年后才会出现明显症状。

					出五服 六世祖					
				出五服 叔伯高祖	四服 高祖	出五服 高祖姑				
			出五服 堂曾祖	四服 叔伯曾祖	三服 曾祖	四服 曾祖姑	出五服 堂曾祖姑			
		出五服 从爷	四服 堂爷	三服 叔伯爷	二服 祖爷	三服 祖姑	四服 堂祖姑	出五服 从祖姑		
	出五服 族伯叔	四服 从伯叔	三服 堂伯叔	二服 亲伯叔	一服 父亲	二服 姑姑	三服 堂姑	四服 从姑	出五服 族姑	
六服 兄弟	五服 族兄弟	四服 从兄弟	三服 堂兄弟	二服 兄弟	一服 自身	二服 姐妹	三服 堂姐妹	四服 从姐妹	五服 族姐妹	六服 姐妹
	出五服 族侄	四服 从侄	三服 堂侄	二服 亲侄	一服 儿女	二服 侄女	三服 堂侄女	四服 从侄女	出五服 族侄女	
		出五服 从孙子	四服 堂孙子	三服 叔伯孙子	二服 孙子孙女	三服 叔伯孙女	四服 堂孙女	出五服 从孙女		
			出五服 堂曾孙	四服 叔伯曾孙	三服 曾孙曾孙女	四服 叔伯曾孙女	出五服 堂曾孙女			
				出五服 叔伯玄孙	四服 玄孙玄孙女	出五服 叔伯玄孙女				
					出五服 六世孙					

九族五服图谱

　　目前，人类已发现的遗传病有几千种，每100个新生儿中就有3～10个患有遗传病。这些数字看起来是不是有点吓人？《朱子语类》第四十二卷记载："……捉得病根，对症下药。"既然遗传病的病根是遗传物质出了问题，如果科学家找到修复遗传物质的方法，那么患者的病情不就可以得到缓解乃至根治了吗？

　　遗传物质是什么？遗传物质会出什么问题？它和疾病之间存在怎样的联系？人类是否找到修复遗传物质的方法了呢？首先，让我们来回顾一下人类解析生命密码的历程吧！

格雷戈尔·孟德尔
（1822—1884）

1. 孟德尔的豌豆园

仔细观察你的朋友,你一定会发现这样的现象:朋友甲长得很像他的妈妈,可又不完全一样;朋友乙的眼睛长得既不像爸爸也不像妈妈,却跟奶奶神似……这是为什么呢? 其实早在 100 多年前,现代遗传学之父格雷戈尔·孟德尔就已经在豌豆园中发现了其中的奥秘。

孟德尔出生在奥地利西里西亚的一个普通农民家庭,受同为园艺家的父母熏陶,他从小就喜欢自然科学,对植物的生长尤其感兴趣。1840 年,孟德尔考入了著名的贵族学校——奥尔米茨大学哲学院,但因家境贫寒,被迫中途辍学。

那时,成为一名修道士可以解决温饱问题。布隆城奥古斯汀修道院院长是当地农业协会负责人,他一直鼓励大家改良作物品种,以提高粮食产量。既能有饭吃,又能做自己感兴趣的事,何乐而不为呢?于是21岁的孟德尔进入奥古斯汀修道院继续学习。

1857年,孟德尔在修道院的一个小植物园里用34粒豌豆种子做起了豌豆杂交实验,开启了他探索生物遗传和变异奥秘的神奇之旅。

1865年2月,孟德尔带着历时8年完成的实验报告《植物杂交实验》,登上了奥地利布鲁恩高等实业学校的讲台。他在文中阐述了生物遗传的规律,即后来被命名为"孟德尔第一定律"的遗传分离规律和"孟德尔第二定律"的基因自由组合规律,并提出了"遗传因子"这一概念。

令人遗憾的是,天才的行为往往难以被世人所理解。与会者们对连篇累牍的数字和繁复枯燥的论证毫无兴趣,对这位名不见经传的修道士提出的新理论并没有给予多少关注。因为几乎没有人明白孟德尔到底在说些什么,他们不明白生物和数学怎么可以扯到一块,也完全不能理解这位修道士耗费了8年时间究竟都做了些什么。

注 为什么选择豌豆作为实验材料呢?豌豆是一种严格自花传粉的植物,会将外来的花粉拒之门外;豌豆容易栽培,且生长期短;它具有多个稳定的易识别的性状,如豌豆的花色、子叶颜色、种子形状和茎的高矮等。

特性	显性性状	×	隐性性状
花的颜色	紫色	×	白色
花的位置	侧生	×	顶生
种子的颜色	黄色	×	绿色
种子的形状	圆粒	×	皱粒
果荚的形状	饱满	×	皱缩
果荚的颜色	绿色	×	黄色
茎的高度	高	×	矮

豌豆的7对性状

注 性状是指生物个体表现出的形态结构、生理特征和行为方式等。例如,豌豆种子的颜色是形态特征;植物的抗病性、人的 ABO 血型等是生理特征;而狗的服从性等是行为方式。为便于描述,将同种生物同一性状的不同表现称为相对性状。例如,豌豆苗的高茎和矮茎,人的单眼皮和双眼皮等。

二代显性-隐性比	比例
705:224	3.15:1
651:207	3.14:1
6022:2001	3.01:1
5474:1850	2.96:1
882:299	2.95:1
428:152	2.82:1
787:277	2.84:1

但是，孟德尔深知这个发现的重要性，他在收到论文的单行本后，将论文寄给了多位著名的植物学家，试图引起科学界的注意。但没有一位植物学家愿意去理睬一名业余研究者的成果。在遗传定律提出7年后的1872年，达尔文甚至写道："遗传的定理绝大部分依旧未知。没有人能够说明，同一物种不同个体呈现出的相同特征或在不同物种中的相同特征，为什么有时候能够遗传，而有时候不能？为什么孩子能恢复其祖父母甚至更遥远的祖先的某项特征？"

晚年的孟德尔曾经对友人说:"等着瞧吧,我的时代总有一天会来临。"就这样,孟德尔带着遗憾离开了人间。

1881年,德国学者编了一本包罗万象的植物学杂交论文目录,孟德尔的论文机缘巧合地被列了进去。更令人意想不到的是,这一举动使得孟德尔的研究在1900年大放异彩。这一年,荷兰人雨果·德弗里斯、德国人卡尔·科伦斯和奥地利人埃里克·切尔马克通过实验,几乎同时独立地"发现"了植物的遗传规律。因为在发表论文的时候,科学家需要在论文里介绍前人的研究状况。当他们在图书馆查阅文献时才惊讶地发现,原来早在35年前,植物遗传定律已经得到了论证,并且在研究的深度上,他们三人都无法与孟德尔相比。一时间孟德尔遗传定律声名鹊起,传遍整个欧洲,在生物学界掀起了验证孟德尔遗传定律的热潮。

注 孟德尔总结了真核生物的遗传分离定律和自由组合定律,简述如下:

(1)生物的所有性状都是通过遗传因子来传递的。

(2)每一种控制性状的遗传因子都有两个拷贝,一个来自于父方,另一个来自于母方。以豌豆种子的颜色为例,只要两个拷贝中的一个是黄色,那么不管另外一个拷贝是黄色还是绿色,豌豆种子都会是黄色。只有在两个拷贝都是绿色的时候,子代才会是绿色。这种关系被称为显性或隐性。黄色是显性,绿色是隐性。显性遗传因子用"A"表示,隐性遗传因子用"a"表示。显性性状对应的拷贝可以是"AA",也可以是"Aa";隐性性状对应的只能是"aa"。

(3)遗传因子在传给下一代的时候,这两个拷贝首先会分开,每个子代只能接收其中一个拷贝。

(4)控制不同性状的遗传因子在分离时互不干扰,可自由组合。例如,亲代分别为高茎黄子叶和矮茎绿子叶,其后代可能就有四种性状,分别是:高茎黄子叶、高茎绿子叶、矮茎黄子叶和矮茎绿子叶。由于这四种组合是随机的,所以比例不尽相同。

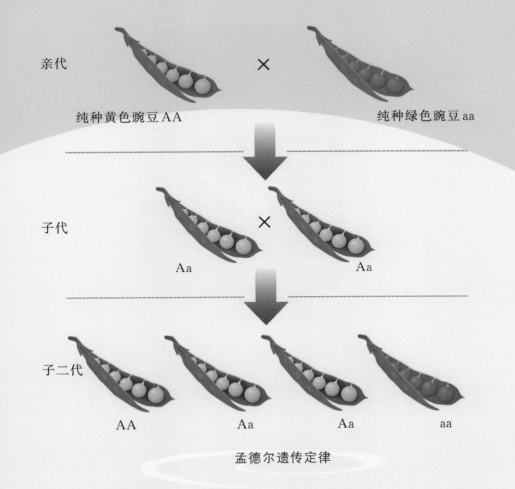

亲代　　　　　×

纯种黄色豌豆AA　　　　　纯种绿色豌豆aa

子代　　　×

Aa　　　　Aa

子二代

AA　　　Aa　　　Aa　　　aa

孟德尔遗传定律

几种常见的人体性状

显性性状	隐性性状
双眼皮	单眼皮
有耳垂	无耳垂
有酒窝	无酒窝
能卷舌	不能卷舌
拇指可外弯	拇指不可外弯
卷发	直发

威尔赫姆·约翰逊

2. 未见其形，先闻其名

在生命科学研究以及人们的日常交流中，"基因"无疑是一个高频词汇。但这个响亮的名词并不是孟德尔赋予的，他在论文里用的是"遗传因子"。那么是谁提出"Gene"（基因）这个名词的呢？

1909 年，丹麦生物学家威尔赫姆·约翰逊在撰写《精密遗传学原理》一书时，根据希腊文"给予生命"，创造了"Gene"一词，并用它代替了孟德尔的"遗传因子"。同时，他还提出"基因型"和"表现型"的概念,并指出表现型是基因型和环境相互作用的结果,初步阐明了基因与性状的关系。令人遗憾的是,他没有给出基因的定义。他认为基因只是遗传性状的符号,是一种与细胞的任何可见形态结构毫无关系的抽象单位。尽管如此,"基因"一词还是很快地被广泛采用和传播。

3. 寻找基因的家

基因是真实存在的,从把基因定义为不可见的遗传的亚显微单位到完全了解它的本质,这中间的过程曲折而漫长。

1879年,德国生物学家瓦尔特·弗莱明在用染料给细胞核染色后,通过显微镜观察发现,有一种物质平时散漫地分布在细胞核中,但当细胞分裂(一个细胞变成两个细胞)时,散漫的染色物质会浓缩,形成一定数目和一定形状的条状物,等分裂完成时,条状物又疏松为散漫状。该物质于1888年被正式命名为"染色体"。

注 基因型指的是一个生物体内包含的全部基因。它反映生物体的遗传构成,即从双亲获得的全部基因的总和。遗传学中具体使用的基因型,一般是指某一性状的基因型。

表现型指的是在一定环境条件下,生物个体表现出来的性状特征总和。表现型主要受生物的基因型和环境影响。

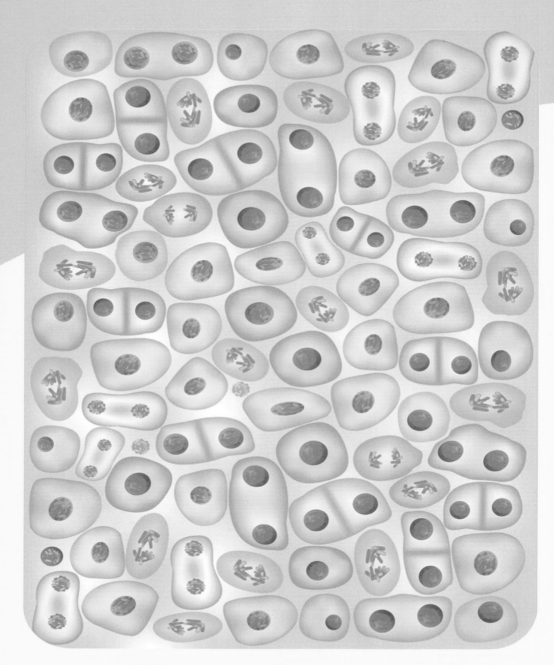

细胞分裂过程中的染色质和染色体示意图

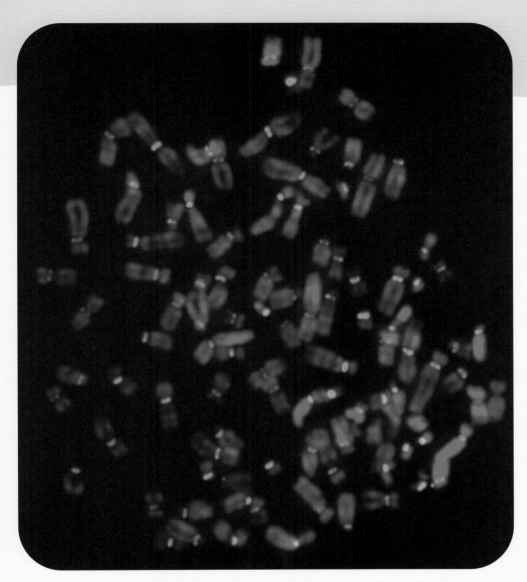

人类细胞染色体(储榐椤博士拍摄,中国科学技术大学生命科学学院供图)

注 图为人类子宫颈癌细胞(HeLa细胞)染色体甩片展示,红色为染色体,绿色为着丝粒。

注 减数分裂是指有性生殖的个体在形成生殖细胞过程中发生的一种特殊分裂方式。在此过程中,生物细胞的染色体数目减半。减数分裂仅发生在生命周期的某一阶段,它是有性生殖的生物在形成配子的过程中出现的一种特殊分裂方式。

注 果蝇生活史短,易饲养,繁殖快,染色体少(只有4对染色体),突变型多,个体小,是一种很好的遗传学实验材料。在20世纪生命科学的发展过程中,果蝇扮演了非常重要的角色,是十分活跃的模式动物。在遗传学、发育基因调控、衰老与长寿、各类神经疾病(如帕金森氏病、老年痴呆症、药物成瘾、酒精中毒)、学习记忆和某些认知行为的研究等方面都有果蝇的身影。

1902年,美国生物学家沃尔特·萨顿和西奥多·鲍维里发现细胞减数分裂时的染色体行为完全符合孟德尔遗传定律中遗传因子的分离和自由组合规律。于是他们提出假设,遗传因子位于细胞核内的染色体上。

1910年5月,一只神奇的白眼雄果蝇诞生在美国遗传学家托马斯·亨特·摩尔根的实验室里,再次验证了孟德尔的遗传定律。摩尔根让一只白眼雌果蝇与一只正常的红眼雄果蝇交配,其后代中的雄果蝇全是白眼的,而雌果蝇却没有白眼的,全部都长有正常的红眼睛。

到底发生了什么?摩尔根是这样解释的:"眼睛的颜色基因(R)与决定性别的基因是结合在一起的,即在 X 染色体上。"摩尔根第一次将代表某一特定性状的基因同特定的染色体联系了起来。在随后的十几年里,摩尔根带领他的学生发现果蝇细胞里有4对染色体,并鉴定出约100个不同的基因,创立了染色体遗传理论。1933年,鉴于摩尔根发现了染色体在遗传中的作用,他被授予诺贝尔生理学或医学奖,成为第一位获此奖项的遗传学家。

摩尔根和他的研究团队在遗传学领域的非凡成就如下:

(1)证明了基因是存在于染色体上的实实在在的东西。

(2)证实了孟德尔定律的可靠性。

(3)发现基因是呈直线排列的,其相对

位置是可以确定的,可以测定基因间的距离。

（4）发现了孟德尔定律的例外情况,即遗传学第三定律——连锁和交换定律。

托马斯·亨特·摩尔根

果蝇（左雄右雌,北京大学辛广伟博士供图）

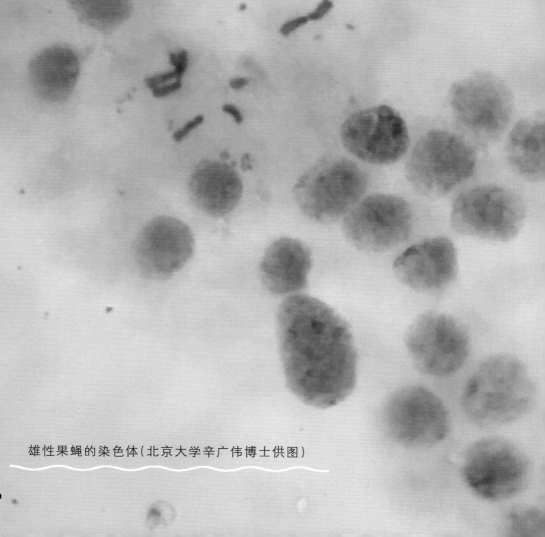

雄性果蝇的染色体(北京大学辛广伟博士供图)

减数分裂的四种产物

非重组染色体		A B
重组染色体		A b
重组染色体		a B
非重组染色体		a b

连锁和交换定律

注 连锁和交换定律：在生殖细胞形成过程中，位于同一染色体上的基因连锁在一起，作为一个单位进行传递的现象，称为"连锁"。同源染色体在减数分裂配对时，偶尔在相应位置发生断裂，错接后造成同源染色体中的非姐妹染色单体之间的染色体片段发生互换，这个过程称为"交换"或"重组"。染色体片段的交换导致连锁基因之间的交换，一般而言，两对等位基因相距越远，发生交换的机会越大，即交换率越高；反之，相距越近，交换率越低。

4. 识得庐山真面目

当前,"转基因""癌基因""基因鉴定"等词汇频繁地出现在各种媒体中,与其相伴的"脱氧核糖核酸"(DNA)一词想必大家也不会陌生。既然已经知道"基因位于细胞核内的染色体上",那么让我们来具体认识一下基因吧!

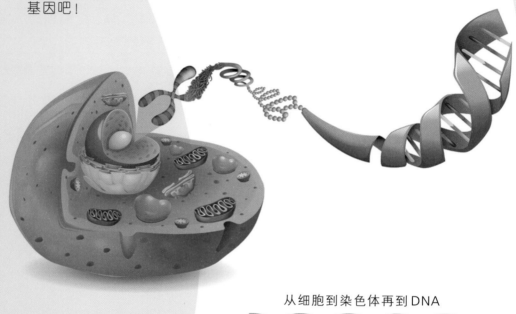

从细胞到染色体再到DNA

染色体是由DNA和蛋白质(以及一些核糖核酸(RNA))组成的。那么基因到底是DNA还是蛋白质呢?

1838年,荷兰科学家格拉尔杜斯·马尔德首先观察到有生命的东西离开蛋白质就不能生存,并对常见的蛋白质进行元素分析,发现几乎所有的蛋白质都可以用相同的经验分子式 $C_{400}H_{620}N_{100}O_{120}P_1S_1$ 来表示。于是他的合作者、瑞典化学家永斯·雅各布·贝采利乌斯便用"蛋白质"来描述这类分子("蛋白质"一词源于希腊语"Protos",原意为"第一")。

在20世纪30年代之前,人们一直认为蛋白质是生物体的遗传物质。直至1945年,加拿大生物化学家奥斯瓦德·艾弗里通过肺炎链球菌转化实验证明,遗传物质不是蛋白质而是DNA。尽管如此,仍然有很多研究者为这一实验结果争论不休。

1952年,美国微生物学家艾尔弗雷德·赫尔希通过噬菌体侵染实验彻底分离了蛋白质和DNA,进而肯定了艾弗里的结论——DNA是遗传物质。结合摩尔根对基因和染色体的研究,基因被定义为DNA分子上携带有遗传信息的片断。

自此,基因作为生命的基本因子,被人们揭开了神秘面纱,作为一种真正的分子物质呈现在人类面前。科学家可以像研究蛋白质大分子一样,客观地探索基因的结构和功能。

现在,我们来梳理一下染色体、DNA和基因的关系:

(1)染色体与DNA的关系:每一条染色体上只有一个DNA分子,染色体是DNA分子的主要载体。

(2)DNA与基因的关系:每个DNA上有许多基因,基因是有遗传效应的DNA片段。

(3)染色体与基因的关系:一条染色体上有许多基因,基因在染色体上呈直线排列。

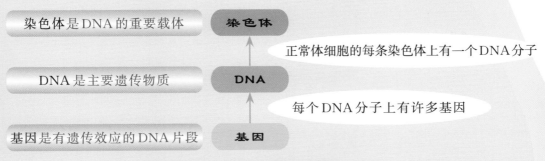

染色体是DNA的重要载体　　染色体

正常体细胞的每条染色体上有一个DNA分子

DNA是主要遗传物质　　DNA

每个DNA分子上有许多基因

基因是有遗传效应的DNA片段　　基因

染色体、DNA和基因的关系

大千世界,万物生息。不同物种之间的差异是成千上万的基因发挥作用而呈现出来的结果。每个物种都有自己的基因组成,于是就有了基因组的概念。维基百科上基因组(Genome)的定义为:"一个细胞或者生物体所携带的一套完整的单倍体序列,包括全套基因和间隔序列。更确切地说,基因组指单倍体细胞核内包括编码序列（可以翻译成蛋白质）和非编码序列（不翻译成蛋白质）在内的全部 DNA 分子。"关于编码序列和非编码序列，我们会在后文中加以说明。

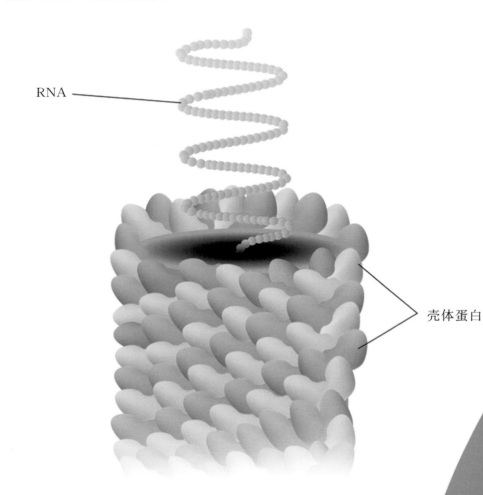

RNA

壳体蛋白

烟草花叶病毒

注 随着研究的深入，科学家发现并非所有的遗传物质都是由 DNA 构成的。某些病毒和噬菌体，它们的遗传体系的基础是 RNA，而不是 DNA。20 世纪 50 年代，德国科学家在研究烟草花叶病毒时，发现 RNA 分子也能传递遗传信息，同时还发现烟草花叶病毒的 RNA 成分在感染植株叶片时能诱导合成新的病毒颗粒。

第2讲　生命的螺旋阶梯

现代分子生物学认为,从受精卵诞生的那一刻起,每个人身体中的遗传信息便已经确定了,并开始影响你的一生。它决定了你的性别,鼻子长得像爸爸还是像妈妈,有没有遗传病,等等。所有的遗传信息都存储在你的DNA里,它通过不停地复制再复制,将父母赐予你的遗传信息一代又一代地传递下去。

DNA携带遗传信息,可以通过自我复制传递遗传信息,能够让遗传信息得到表达(如豌豆的不同性状),还可以发生突变(如白眼果蝇的出现)。DNA到底有什么特点,让它能够担当起遗传重任?如果你想知道答案,就让我们首先从DNA的双螺旋结构说起。

小朋友在研究DNA双螺旋模型

1. 掀起你的盖头来

"掀起了你的盖头来,让我来看看你的脸……",为了看到DNA的真实模样,科学家费尽了心思。1938年,英国生物物理学家威廉·阿斯特伯里通过X射线结晶衍射图发现DNA分子是多聚核苷酸分子长链。然而这张DNA图片并不清楚,无法真实反映DNA的清晰面貌。

当时的人们已经知道,DNA的组成是非常简单的,它由四种脱氧核糖核苷酸组成,每个脱氧核糖核苷酸分子包含三个部分:脱氧核糖、磷酸和碱基;碱基共有四种,分别是腺嘌呤(Adenine,A)、胸腺嘧啶(Thymine,T)、胞嘧啶(Cytosine,C)和鸟嘌呤(Guanine,G)。美国生物化学家埃尔文·查伽夫在1952年测定了DNA中四种碱基的含量,发现其中A与T的数量相等,G与C的数量相等,因此推断A-T和G-C可能都是成对出现的!

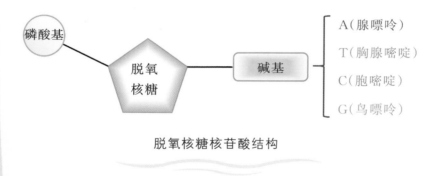

脱氧核糖核苷酸结构

那么,这四种脱氧核糖核苷酸是如何排列并组合成一条长链的呢?具有非凡才能的英国女科学家罗莎琳德·富兰克林凭借其独特的思考,设计了很多方法,可以从多个方面了解物质的状态,如获取在不同温度下DNA晶体的X射线衍射图。通过汇总这些局部的结构形状,使得DNA的衍射图片越来越全面。1952年5月,她和同事莫里斯·威尔金斯的学生雷蒙·葛斯林终于拿到了一张清晰的DNA晶体X射线衍射照片。

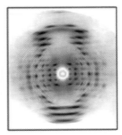

罗莎琳德·富兰克林和 DNA 晶体 X 射线衍射图片

　　美国生物化学家詹姆斯·沃森和英国生物物理学家弗朗西斯·克里克看了这张珍贵的照片后，他们像小孩子搭积木一样，每天在办公室里用铁皮和铁丝搭建 DNA 模型。1953 年,世界顶级学术期刊《自然》发表了沃森和克里克的一篇优美精练的短文,正式宣告 DNA 分子双螺旋结构模型的诞生。1962 年,沃森、克里克和威尔金斯共同获得了诺贝尔生理学或医学奖。令人遗憾的是,富兰克林因患卵巢癌,已于 1958 年去世,年仅 38 岁。按照惯例,诺贝尔奖只颁发给那些为人类和社会发展做出极大贡献并且在世的人。不然,这枚具有划时代意义的奖章应该也有她的一份。

詹姆斯·沃森（左）与弗朗西斯·克里克

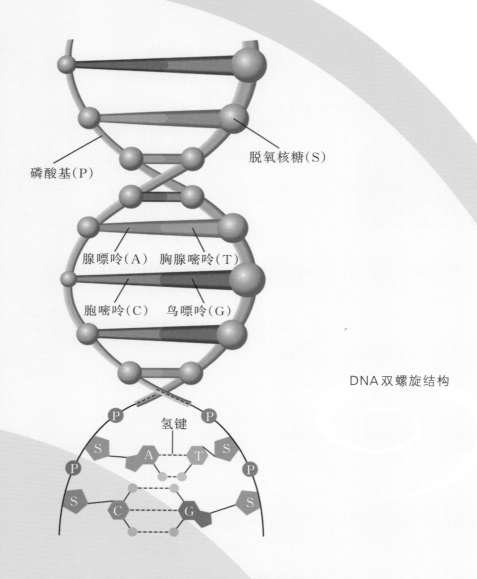

磷酸基(P)

脱氧核糖(S)

腺嘌呤（A）　胸腺嘧啶（T）

胞嘧啶（C）　鸟嘌呤（G）

DNA双螺旋结构

氢键

让我们好好地看一看DNA的双螺旋结构吧！

它像不像我们生活中使用的绳梯？一个个核苷酸通过磷酸二酯键排成一队成为核苷酸链，然后两条链相互盘绕，类似于绳梯两边的长绳；碱基则按照A-T、G-C互补配对，双螺旋阶梯的每一级台阶都由核苷酸链上一对DNA碱基"手拉手"形成的氢键组成。

在酶的作用下，核苷酸链之间的氢键断裂，使双链DNA分子解旋，在一定区域内成为单链。然后,以核苷酸单链作为模板,新的脱氧核糖核苷酸迅速汇集过来,通过碱基互补配对合成其互补链,两条核苷酸单链各自形成一个新的双链DNA分子。每个子代分子都有一条链来自亲代DNA分子,另一条链则是新合成的,这就是"半保留复制"。这种方式有效地保证了DNA在遗传中的稳定性。

　　这就简单地解释了为什么孩子可以从父母那里获得遗传信息并能传递下去! 当然,DNA复制的具体过程还是很复杂的。

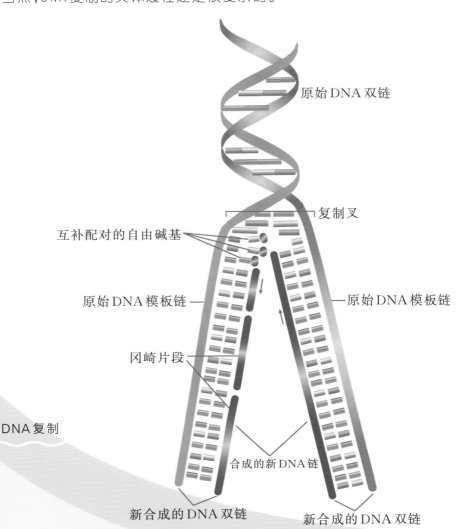

DNA复制

2. 传递遗传信息

"先有鸡,还是先有蛋?"这是一道争执已久的难题。现在,我们来讨论另外一个"基蛋"问题:基因和蛋白质之间是什么关系呢？DNA上有许多基因,没有DNA复制,细胞便无法分裂,就会丧失产生新细胞的能力,生命活动

鸡、蛋之争

就无法进行。蛋白质是细胞的重要组成部分,生命活动的主要承担者,也是基因功能的体现者;没有蛋白质,DNA同样无法复制(因为复制需要酶的参与,而大部分酶的化学本质是蛋白质),遗传信息无法传递,生命性状也将停止展示。因此,对于细胞而言,基因和蛋白质是缺一不可的！

1941年,美国基因遗传学家乔治·比德尔与生物化学家爱德华·塔特姆一

起提出"一个基因一种酶"的假说,认为每个基因控制且仅控制一种酶的形成。基因(DNA)主要位于细胞核的染色体上,如果酶也是在细胞核内合成的,那问题就很简单了,由基因直接指导酶的合成就行了。可事实却并非如此。

随后,科学家发现伞藻和海胆卵细胞在去除细胞核后,仍然能在一段时间内进行蛋白质合成。这说明细胞质能进行蛋白质合成。1955年,约

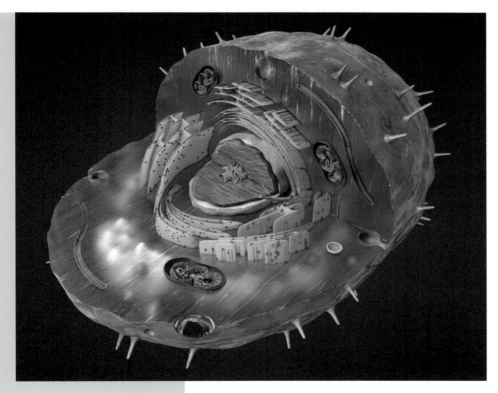

细胞结构

翰·李托菲尔德证明细胞质中的核糖体是蛋白质合成的场所。因此,细胞核内的DNA就必须通过一个"信使"将遗传信息传递到细胞质中去。那么,谁能将遗传信息从细胞核传递到细胞质中呢?

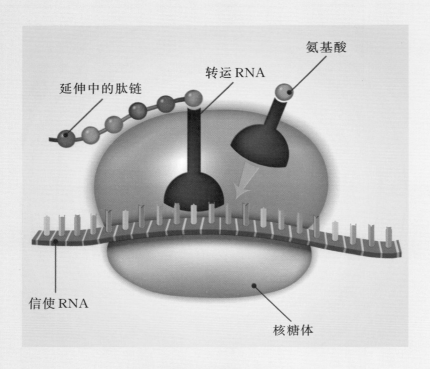

延伸中的肽链　　转运RNA　　氨基酸

信使RNA

核糖体

蛋白质在核糖体上的合成

　注　核糖体主要由核糖体RNA和蛋白质构成,可在信使RNA（mRNA)上移动。它是细胞内蛋白质合成的分子机器。

　　1955年,科学家用核糖核酸酶(RNA酶)分解细胞中的RNA,蛋白质的合成就会停止。如果再加入从酵母中抽提的RNA,蛋白质的合成就会有一定程度的恢复。同年,科学家观察到用放射性标记的RNA从细胞核转移到细胞质。因此,人们猜测RNA就是DNA与蛋白质合成之间的信使,即message RNA,简称"mRNA"。进一步的研究发现,mRNA是以特定的DNA片段的一条链为模板,根据碱基互补配对原则形成的一条单链RNA,它所带遗传密码与模板的互补链一样,唯一不同的是RNA用碱基尿嘧啶U代替了胸腺嘧啶T。这种把遗传信息录入mRNA的过程称为"转录",类似于"复印",DNA与mRNA是一一对应关系。

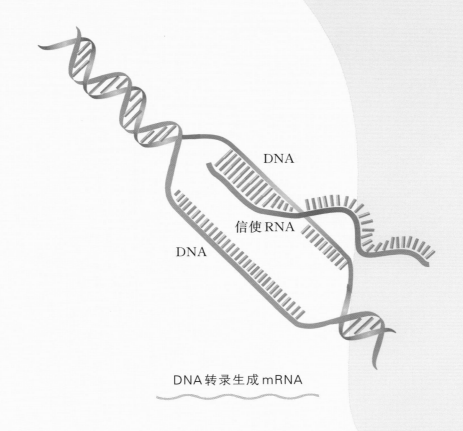

DNA

信使RNA

DNA

DNA转录生成mRNA

1957年9月,弗朗西斯·克里克发表了一篇题为《论蛋白质合成》的论文。他在文中指出,生命遗传信息的传递方向是"DNA→RNA→蛋白质",并于次年正式提出中心法则,即DNA制造mRNA(转录过程),mRNA制造蛋白质(翻译过程),蛋白质反过来又协助前两项流程,并协助DNA的自我复制。

复制 DNA →转录→ RNA →翻译→ 蛋白质

生命遗传信息的传递方向(中心法则)

当然,大自然无奇不有,某些病毒(如烟草花叶病毒)的 RNA 可自我复制;某些致癌病毒能以 RNA 为模板逆转录成 DNA。随着人类对生物遗传规律的不断探索,中心法则也逐步得到完善。

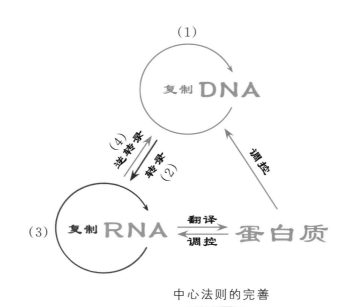

中心法则的完善

注

(1) 从 DNA 流向 DNA(DNA 自我复制);

(2) 从 DNA 流向 RNA(转录),进而流向蛋白质(翻译);

(3) 从 RNA 流向 RNA(RNA 自我复制)——1965年,科学家发现 RNA 可复制;

(4) 从 RNA 流向 DNA(逆转录)——1970年,科学家发现逆转录酶。

前两条是中心法则的主要体现,后两条是中心法则的完善和补充。

3. 破译遗传密码

我们已经知道 DNA 是如何完成自我复制的,也了解了遗传信息的传递途径,但还有一个重要问题,mRNA 是怎么翻译成蛋白质的呢? mRNA 是一条由核糖核酸构成的单链,而蛋白质是由氨基酸构成的,所以科学家最初猜想一定存在一种"衔接子"来介导 mRNA 与蛋白质的合成。

功夫不负有心人。1955年,保罗·扎米尼克发现一种小分子 RNA 可以担当衔接子的角色,其后来被命名为转运 RNA(tRNA)。tRNA 像快递员一样,一手提着氨基酸分子,一手握住可以识别 mRNA 特定位置的密码器,摇摇晃晃地走进核糖体"小屋"。根据碱基互补配对原则,tRNA 挪到与密码器相匹配的 mRNA 碱基序列上,这时其携带的氨基酸分子在酶的作用下依次加入已经形成的肽链中。卸货完毕的 tRNA 浑身轻松,立刻告别 mRNA,迅速跑出核糖体,开始新一轮的氨基酸运输。

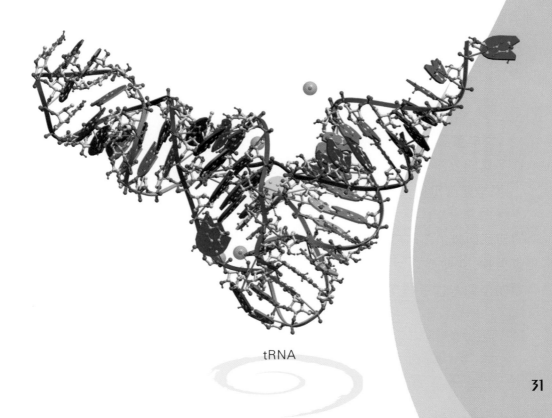

tRNA

那么问题又来了,在mRNA中是一个碱基对应一种氨基酸吗?如果一一对应的话,那么4种碱基就只能决定4种氨基酸,但生物体内有20种基本氨基酸,这显然不够;如果2个碱基结合在一起决定1种氨基酸,那么共有16种组合,可以决定16种氨基酸,但还是不够;如果3个碱基组合在一起决定1种氨基酸,那么共有64种组合,因此3个碱基的三联体就可以决定20种氨基酸,而且还有富余。这就是著名的"三联体密码"猜想。1959年,美国生化遗传学家马歇尔·沃伦·尼伦伯格等人用"体外无细胞体系"的实验证实了这一猜想。

尼伦伯格的思路很简单,既然核苷酸的排列顺序与氨基酸存在对应关系,那么只要知道mRNA链上的碱基序列,然后用这种链去合成蛋白质,不就能知道它们的密码了吗?首先,他尝试着构建仅含有单一碱基尿嘧啶(U)的mRNA链,即在这一条mRNA链里,只有UUU这个单一密码子存在。把这种mRNA放到和细胞质相似的溶液里,当它形成某种单一氨基酸时,显然UUU就与该种氨基酸(苯丙氨酸)相对应。因此,密码"词典"中的第一个条目就被确定了。随后,又有人用U-G-U-G交错排列的mRNA合成了半胱氨酸—缬氨酸—半胱氨酸的肽链,这说明UGU为半胱氨酸的密码子,而GUG为缬氨酸的密码子。通过尼伦伯格的实验,科学家不仅证明了遗传密码是由3个碱基排列组成的,而且陆续找出了其他氨基酸的编码,并于1965年完成了密码子和氨基酸的对应表。尼伦伯格与生物化学家哈尔·戈宾德·科拉纳、分子生物学家罗伯特·霍利一起因此荣获了1968年的诺贝尔生理学或医学奖。

	U	C	A	G
U	UUU=phe UUC=phe UUA=leu UUG=leu	UCU=ser UCC=ser UCA=ser UCG=ser	UAU=tyr UAC=tyr UAA=stop UAG=stop	UGU=cys UGC=cys UGA=stop UGG=trp
C	CUU=leu CUC=leu CUA=leu CUG=leu	CCU=pro CCC=pro CCA=pro CCG=pro	CAU=his CAC=his CAA=gln CAG=gln	CGU=arg CGC=arg CGA=arg CGG=arg
A	AUU=ile AUC=ile AUA=ile AUG=met	ACU=thr ACC=thr ACA=thr ACG=thr	AAU=asn AAC=asn AAA=lys AAG=lys	AGU=ser AGC=ser AGA=arg AGG=arg
G	GUU=val GUC=val GUA=val GUG=val	GCU=ala GCC=ala GCA=ala GCG=ala	GAU=asp GAC=asp GAA=glu GAG=glu	GGU=gly GGC=gly GGA=gly GGG=gly

64个密码子与氨基酸的对应表

4. 篡改遗传密码

《道德经》有云："道生一，一生二，二生三，三生万物……"如今，人类从科学的角度来理解生命的"道"，应该非基因莫属。正是与基因对应的DNA片段上的碱基数目和排列顺序不同，才造就了世界上丰富多彩、千变万化的物种。

"TCTAGCCAATGTCATGG"看起来像是按错键盘打出来的乱码。实际上,这段序列就存在于你身体的每一个细胞里,从你的祖先那里一代一代传到你这里,从未中断过。细胞核里A、T、C、G的数量和排列看似随意,却从根本上决定了你是一个人,而不是一只在动物园里四处攀爬的黑猩猩。对于人类来说,人与人之间的基因相似度大于99.9%,但仍然会出现肤色、发色、眼睛颜色等方面的差异,这是为什么呢?

DNA在细胞分裂时进行自我复制,30亿个碱基一一配对,如此大的工作量难免会产生碱基错配。此外,DNA还会遭受外部环境污染、紫外线辐射、病毒以及各种有毒致癌物质的侵袭,遗传密码被篡改的概率很高。如果错误没有得到及时纠正,就会直接影响下一次复制。最常见的篡改方式是单个核苷酸发生转换、颠换、缺失或者插入等突变,简称"单核苷酸多态性(SNP)"。在人类基因组中大概每1000个碱基就有一个SNP。研究表明,人与人之间的差异可能就来自约0.1%的基因序列。此外,染色体变异(如结构发生缺失、位置转移等)也会导致遗传密码发生变化。

例如,"……AGUCUUGUUCAC……"这段基因序列经正确翻译,其对应的氨基酸序列为"……Ser-Leu-Val-His……"。如果"A"缺失,我们对应前面的表格,会发现其对应的氨基酸序列改变为"……Val-Leu-Phe-His……"。

在一定的条件下,遗传密码被篡改,可使基因从原来的存在形式突然改变成另一种新的存在形式(如不再表达成蛋白质,或者过量表达,或者成为新的蛋白质等),在后代的表现中就会出现新的性状。基因突变是一把双刃剑,既可能给人类带来灾难(如H7N9病毒的变异),也可能为遗传学研究提供珍贵的突变型(如摩尔根的白眼果蝇),还可能为生物育种提供更多的可能!

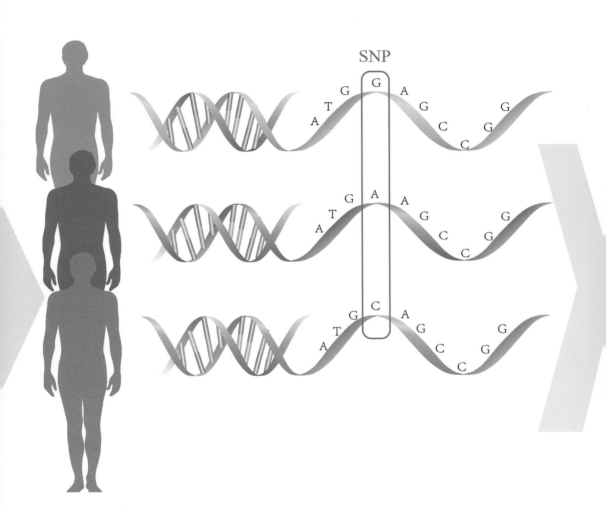

单核苷酸多态性（SNP）

第3讲　秩序森严的细胞王国

　　DNA是一种生物大分子,主要功能是储存遗传信息。DNA储存着生命的孕育、生长、衰老等过程的全部信息,人的生、长、病、老、死等一切生命现象都与之有关。DNA中包含的信息可以构建细胞内的其他化合物,如蛋白质与RNA。有的DNA序列直接以自身构造发挥作用,有的则参与调控遗传信息的传递。是不是觉得有点复杂?那么让我们打个简单的比方吧。如果我们把人的细胞看成是一个秩序森严的王国,那么细胞核就是这个国家的核心部门,在这个部门里藏着一部绝密"天书"——DNA,书中包含维持细胞王国和谐、稳定和繁荣的所有机密。这部"天书"极其深奥难懂,首先让我们来认识一下此书的目录吧!

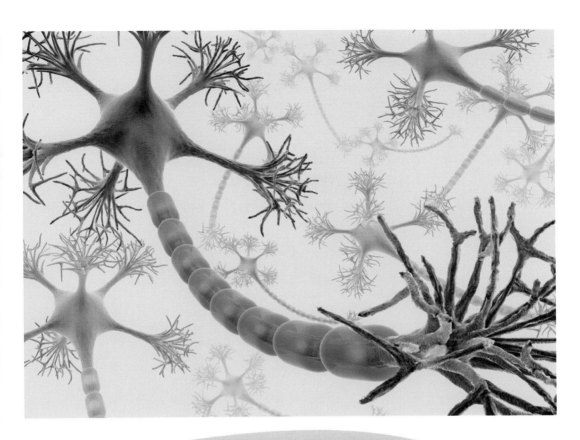

沿轴突正在传导电信号的神经细胞示意图

1. 收藏绝密"天书"

你知道人体有多少个细胞吗？细胞和细胞核有多大？研究发现，人体有40万亿～60万亿个细胞，细胞的平均直径在10～20微米（1000微米等于1毫米），只有在显微镜下才能看到！细胞核就更小了，它的直径一般在5～10微米。

你知道人体的DNA有多长吗？人体的DNA序列大约含有30亿对脱氧核糖核苷酸，把它们逐个连接成一条长链的话，足足有2米长。那么2米长的DNA是如何待在小小的细胞核里的呢？是杂乱无章地揉成一团吗？实际上，DNA很聪明，它可以按照一定的规则压缩、压缩、再压缩，直到把自己有序地排布在小小的细胞核里。

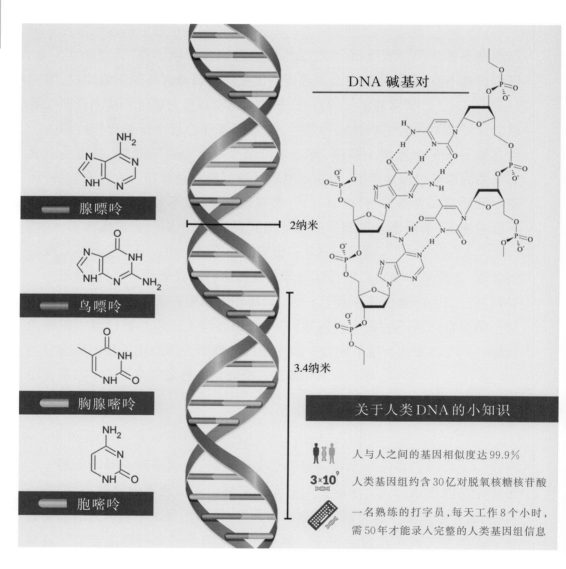

DNA 碱基对

腺嘌呤

鸟嘌呤

胸腺嘧啶

胞嘧啶

2纳米

3.4纳米

关于人类DNA的小知识

人与人之间的基因相似度达99.9%

3×10^9 人类基因组约含30亿对脱氧核糖核苷酸

一名熟练的打字员，每天工作8个小时，需50年才能录入完整的人类基因组信息

人类DNA小知识

首先,围绕一个像圆筒一样的组蛋白八聚体,大约146个核苷酸对的双链DNA如同丝线一样缠绕在上面,形成一个核小体复合体。加上组蛋白之间的连接区域,总共有大约200个核苷酸对。经过这样缠绕后,DNA分子的长度就变成初始长度的1/3,这是DNA包装的第一个层次。核小体经过螺旋化后形成染色质纤维,染色质纤维是一种长30纳米,每一圈包含6个核小体的螺旋管状体。然后,染色质纤维高度浓缩成长700纳米的染色质环。最后,染色质环浓缩成长1400纳米的染色质。为了收藏这本绝密"天书",细胞真是费尽了心思哦!

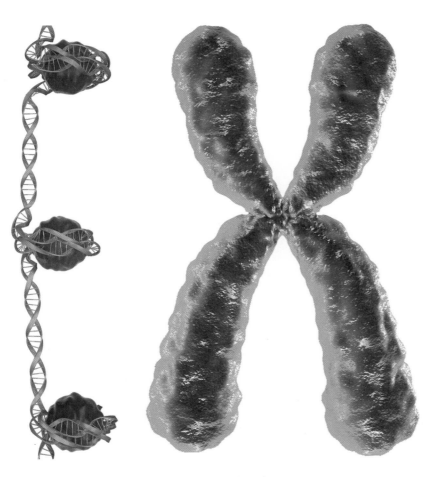

核小体和染色体示意图

2. 细胞王国核心部门的成员们

为了确保细胞可以维持正常的生活状态,细胞核按照"天书"的指令对所有成员进行了分类和定位。其中,基因大致分为两大类:

一类是管家基因。如稳定细胞形态的微管蛋白基因、确保细胞正常生活的糖酵解酶系基因、维持基因表达秩序的转录因子,等等。这类基因几乎在机体所有的细胞中都持续表达,它们的存在直接关系到细胞能否维持基本生活所需,因此它们的表达水平受环境因素影响较小。

另一类是奢侈基因。如表皮的角蛋白基因、红细胞的血红蛋白基因。这类基因在不同类型的细胞中特异性表达。人体的皮肤细胞和血细胞在形态上有很大的差异,这是奢侈基因制造的蛋白质发挥作用的结果。

皮肤细胞

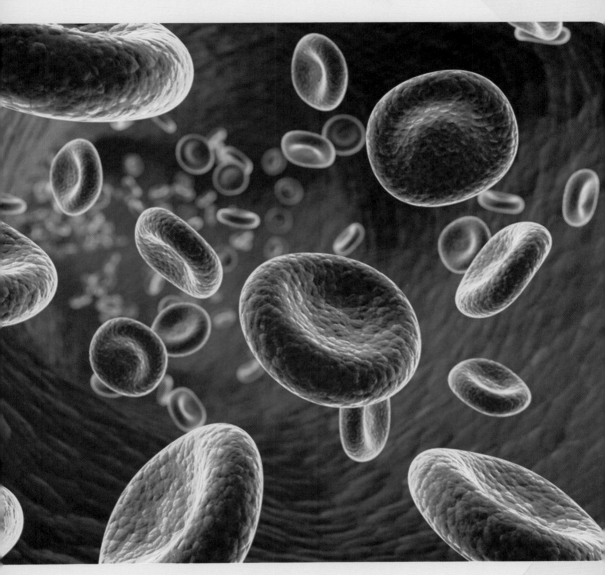

血细胞

人类的发育过程很神奇,由潜力无限的单一细胞开始,最后形成几十兆个分化的细胞。人体中每个细胞的基因组都是一样的,但是皮肤、血液、大脑和肌肉中的细胞在外观、功能和性质上却完全不一样。

基因们没有时间概念,工作缺乏自主性,要么闷头干活,要么呼呼大睡。这当然不行,如果某一些基因产品太多或者太少,都有可能会对人体产生巨大的影响。例如,流感病毒来了,人体中若是没有及时生产出足够多的抗体,人就会感冒;P1k1激酶含量升高,人就很可能患上了癌症!

这时候,部门中负责后勤保障调控的成员出马了!它们随时感应外界的信号变化,并及时通知基因执行相应的工作。它们由两部分组成:一是DNA分子中具有转录调节功能的非编码序列,它们有个专业的名字——"顺式作用元件";二是细胞核内的蛋白质,即"反式作用因子"。作为部门的后勤保障调控人员,两者分工明确,协同作战,为维护细胞的正常运转积极工作着。例如,顺式作用元件根据其工作职能又细分为启动子、增强子和沉默子等。在细胞分裂的时候,启动子召唤它的好搭档反式作用因子迅速在特定基因的附近汇合,通知特定基因"时间到了,快上班干活吧";感冒的时候,增强子则擂起战鼓,发出指令"流感病毒来了,抗体供货紧张,要加快生产进度啊";不久,沉默子就会跳出来通知"这个产品数量够了,可以休息一下啦";等等。

此外,"天书"中明确规定:基因们在休息期间也要老老实实地待在工作岗位上,不允许随意流窜;当然,其他区域的调控因子也不能对其进行跨区域调控。为了确保制度能有效落实,"安全卫士"(如 CTCF/cohesin)在染色体的重要区域设立站点,将染色体划分为一个个小的"行政辖区"(即拓扑结构域),以确保不同的基因在特定范围内有序适度地工作(拓扑结构域的概念是 2012 年由加州大学圣地亚哥医学院 Ludwig 癌症研究所的任兵教授在《自然》杂志上发表文章时提出的)。作为基因组大家庭的主要秩序维护者,CTCF 还有很多重要的职能,大家将来可以继续深入探索。

DNA在每一个细胞的分裂过程中都要进行自我复制,以传递遗传信息给子代,复制那么长的DNA难免会出现偏差,一个碱基的复制错误就可能引发突变,以致失之毫厘,谬以千里。此外,细胞还始终处于内忧外患中,如自身代谢产物活性氧自由基的毒害、紫外线辐射、各种有毒致癌物质的侵袭、病毒感染,等等,这些侵扰令细胞应接不暇、防不胜防。因此,自查纠错、抵御外敌入侵、修复损伤和保证DNA的完整性就成为维持细胞王国安定和谐的首要问题。该由谁来承担如此重大的使命呢?

活细胞有丝分裂(夏鹏博士拍摄,中国科学技术大学生命科学学院供图)

在细胞王国里有一支誓死保卫"天书"的医生团队——DNA修复系统。它们医术高超、行动迅速，在DNA受到损伤时，可以火速赶往事发地点查看病情，是单链断裂还是双链断裂？是丢了一个小碱基还是发生了碱基突变？它们迅速诊断并对症下药。如果"天书"只是受到轻微破坏，如DNA碱基错配造成的沉默突变（不引起生物性状变异的突变），就没必要大动干戈了，DNA修复系统会允许"天书"留下小小的破损。如果负伤严重，则立即实施手术（DNA双链断裂损伤需要做重组修复手术；DNA碱基插入引发的严重错配则需要做针对性碱基切除修复手术、核苷酸切除修复手术或者错配修复手术等），经过DNA修复系统的精心修补，"天书"很快就能恢复如初。难以想象，如果没有DNA修复系统，"天书"在历经劫难之后还能残存多少！

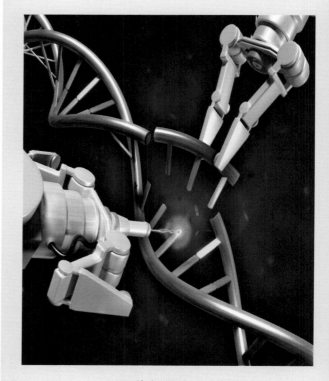

DNA修复系统示意图

3. 神秘组织的崛起：非编码序列

既然人体的 DNA 上储存着生、长、病、老、死等生命过程的全部信息（外伤除外），那么如果人类能够彻底掌握自身的遗传信息，是不是就可以破解人类的生老病死之谜，解决人类的健康问题呢？抱着这个期望，科学家开展了人类基因组计划。此计划的实施，让我们清楚地了解了人类基因组的核苷酸组成以及编码蛋白质的基因序列。令人吃惊的是，这些序列加起来居然不到人类基因组的 3%。

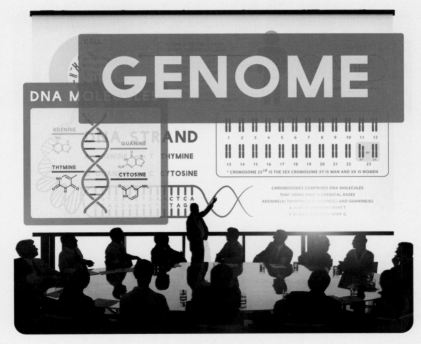

人类基因组计划

注 1988 年，美国国立卫生研究院和能源部开始组织和实施人类基因组计划，并于 1990 年正式启动。其宗旨在于测定人类染色体（指单倍体）中所包含的由 30 亿个碱基对组成的核苷酸序列，从而绘制人类基因组图谱，并且辨识其载有的基因及其序列，进而解读和破译生、长、病、老、死的遗传信息。六国科学家历经了 13 年，花费了 27 亿美元，最终完成了这份人类基因组图谱的草图。

在过去的很长一段时间里，非编码DNA分子因为其转录形成的非编码RNA不具备编码蛋白质的能力，所以一直被认为是基因组中的"暗物质"或"垃圾DNA"。在真核生物的基因组中，非编码序列所占比例极高（在人类基因组中，非编码序列约占98.5%），如此高比例的存在难道真的毫无用处吗？此外，还有一类DNA序列与正常基因相似，但一般情况下不能被转录，即假基因。基因组中约有1.7万个假基因，它们的存在意义又是什么呢？

	芽殖酵母	拟南芥	四膜虫
	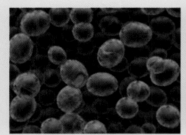		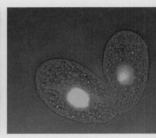
基因组大小	12Mb	120Mb	200Mb
基因数量	6000	25000	27000

大自然不会赐予无用的东西，随着研究的不断深入，这些看似无用的存在正在用事实证明"存在即合理"这一说法。

非编码RNA是一个相当庞大的群体，其功能复杂而神秘。首先，根据其功能范围大致划分为两类：一类是在翻译中起实质作用的核糖体RNA和tRNA，一般被称为"结构型非编码RNA"；另一类是具有调控功能的调控RNA，如miRNA和长链非编码RNA（lncRNA）等。

miRNA可以通过序列互补配对结合mRNA，形成稳定的双链结构，阻止mRNA向蛋白质传递遗传信息。有些lncRNA可以和mRNA争夺与miRNA结合的机会。如同一场精彩的"潜伏"行动，一些非编码RNA和假基因纷纷"装扮"成mRNA的样子，一起"卧底"来迷惑miRNA，让其无法分辨出哪些是真正需要抑制的mRNA。假基因TUSC2P1就是通过竞争性地结合miRNA的方式来保护抑癌基因TUSC2的表达，从而抑制乳腺癌细胞的增殖。此外，miRNA如果发生序列突变或表达失调，可能会引发癌症或其他人类疾病。如异常表达的miR-27将导致乳腺细胞的细胞周期发生异常，从而引发癌症。

线虫	果蝇	人
97Mb	180Mb	3038Mb
19000	14000	25000

不同物种基因组大小与基因数量的关系

起初被认为是基因组转录"噪音"的lncRNA（长度大于200个核苷酸）也发挥着举足轻重的作用。中国科学技术大学的吴缅教授和梅一德教授研究组发现，lncRNA lincRNA-p21的异常表达会使肿瘤细胞发生恶变，可作为肿瘤治疗的潜在靶点。这些新发现将为人类提供更多防治疾病的新途径、新方法。

现代医学认为：几乎所有的疾病都是先天的基因条件和后天的环境因素共同作用的结果（外伤除外）。随着对生命活动本质的认识逐步深入，人类对疾病的机理也有了更为清楚的认知。目前，虽然人类对非编码RNA的认识仍只是冰山一角,但人类基因组计划的实施给我们提供了亲密接触DNA的机会。破解基因密码是掌握疾病成因与疾病防治的最直接方法。当然,想要真正解读DNA这本"天书"里蕴含的机密信息,科学家们还有很长的路要走,也许未来的你就是这个探索团队的一员哦!

注 与高等生物相反,细菌的基因组里很少有非编码序列。病毒基因组更夸张,甚至同一段序列也要两用:从左往右是一个基因,从右往左就是另一个基因。这些小东西的基因组"寸土寸金",不会为了潜在的进化可塑性而消耗宝贵的资源,以保存不是经常用得到的DNA。生物基因组对各种序列的取舍,在本质上是不同进化策略的体现。

不同生物基因组中非编码序列的多寡,反映了一个古老的问题——C值悖论。这个问题早在19世纪70年代就被人注意到了,它是指生物体进化的复杂程度和基因组大小之间没有严格的对应关系。有的生物非编码序列多,有的少。C值悖论远未解开,还有待于更多基因组进化数据的挖掘,期待大家能对基因组学进行更深入的探索。

第4讲　基因的魔力

　　大家还记得前面提到的哈布斯堡家族吗？此家族并不是唯一一个因近亲通婚而陷入基因突变泥沼里的王室。19世纪的英国维多利亚女王家族上演了更大的基因遗传悲剧——血友病。由于基因缺陷，血友病患者体内先天缺少一种凝血因子，靠自身机能无法正常止血。一旦受伤或因病出血，"血流不止"就成了血友病患者的典型症状。通过对女王家族谱系的调查，人们发现这位号称"欧洲祖母"的维多利亚女王居然是第一代血友病基因携带者，女王把这种病遗传给了她众多子女中的三人。幼子利奥波德亲王是血友病患者，1884年3月在意外跌倒后流血不止，最终身亡。次女爱丽丝公主和幼女贝亚特丽丝公主虽健康美丽，却也是血友病基因携带者。通过王室间的相互联姻，血友病基因还流传到了德国、西班牙及俄国的皇族，导致欧洲王室成为血友病的聚集区，出现了至少10名患者和6名携带者。

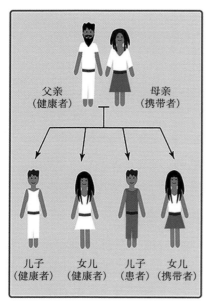
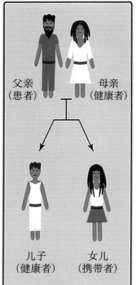
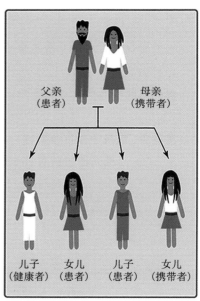

血友病遗传机制

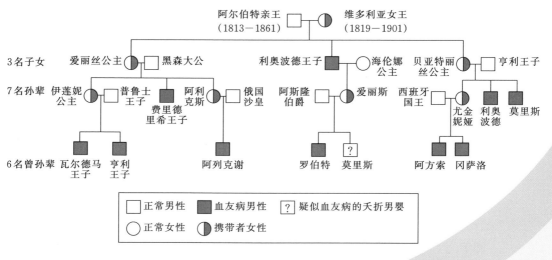

维多利亚家族的血友病遗传图谱

注 未发病或无携带者略去。

1. 遗传病：无尽的缺陷

（1）单基因遗传病

每次体检时，医生都会拿出卡片书，让你说出书中图片是什么数字或者动物。

过马路时，应该"红灯停，绿灯行"。可对于有些小朋友，他们真的无法区分红绿灯的颜色。很遗憾，这些小朋友可能患有一种常见的单基因遗传病——色盲。

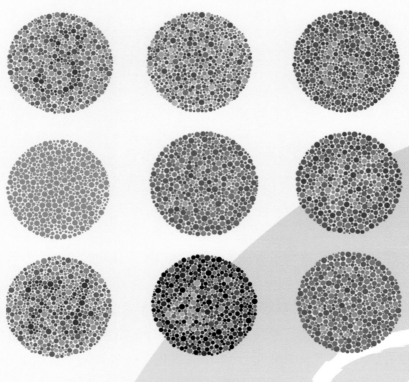

色盲检测图

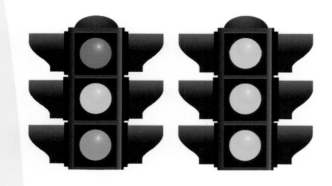

红绿色盲患者眼里的交通指示灯（右）

在所有遗传病中，单基因遗传病是基因缺失或畸变导致的，是一种相对轻微的遗传病。目前还没有发现致愚性、致残性和致死性。除色盲外，比较常见的还有侏儒症、白化病、镰刀形细胞贫血症、先天弱视、耳聋、狐臭，等等。

（2）多基因遗传病

亚里士多德曾经说过："没有一个天才不带有几分疯癫。"天才科学家约翰·纳什在22岁时以"非合作博弈"为题，撰写出一篇长达27页的博士毕业论文。文中提出的"纳什均衡博弈理论"为他几十年后获得诺贝尔经济学奖奠定了基础。30岁的纳什被《财富》周刊评为新一代天才数学家中杰出的人物之一。

可谁能想到，如此才华横溢的纳什却在这个时候出现了幻听和幻觉，并被确诊为严重的精神分裂症。可怜的纳什常常目光呆滞、蓬头垢面地在大街上晃悠，有时他认为自己是上帝的一只左脚，或者是南极洲帝国的皇帝。人们都怕他，甚至躲着他。因为他的身体状况，许多国际大奖也与他擦肩而过。值得庆幸的是，在与病魔斗争的30多年里，他的家人、朋友和同事从未抛弃过他，始终对他呵护备至。纳什的病情逐渐得到缓解，并最终从癫狂中苏醒过来。1994年，当约翰·纳什获得诺贝尔经济学奖时，数学圈里的许多人都惊叹"原来纳什还活着"！根据他传奇、坎坷的人生经历改编的电影《美丽心灵》，纳什看了好几遍。他说："每次看的时候，我心里并不好受，但我还是认为这部电影有助于人们理解和尊重患有精神疾病的人。"

　　精神分裂症是一种严重危害人类精神健康的疾病,属于多基因遗传病。这类疾病涉及多个基因,单个基因只有微效累加的作用。因此,虽然是同样的病,不同的人涉及的致病基因的种类和数目却并不相同,病情严重程度、复发风险也会有明显差异,且表现出家族聚集现象(患者亲属的患病率高于一般人群几倍,血缘关系越近,患病概率越高)。值得注意的是,多基因病会受环境因素影响。一般受环境因素的影响越大,遗传度(多基因遗传病一般用遗传度来表示受遗传因素影响的大小)越低。常见的多基因遗传病还有哮喘、唇裂、癫痫、自闭症等。

约翰·纳什与夫人

（3）染色体病

　　作为中国残疾人艺术团的重量级艺员之一,舟舟的演出足迹遍及全国各地。这位深受人们喜爱的指挥家在出生一个月后,就被认定是医学上不可逆转的先天愚型患者。这种疾病又称"唐氏综合征"(多了一条21号染色体），属于染色体病。这种遗传物质的改变在染色体水平上可见，表现为染色体的数目或结构发生变化。由于染色体病累积的基因数据较多，故症状通常很严重，常常会导致多器官、多系统的畸变，有致死性、致愚性和致残性。常见的染色体病还有猫叫综合征、18三体综合征等。

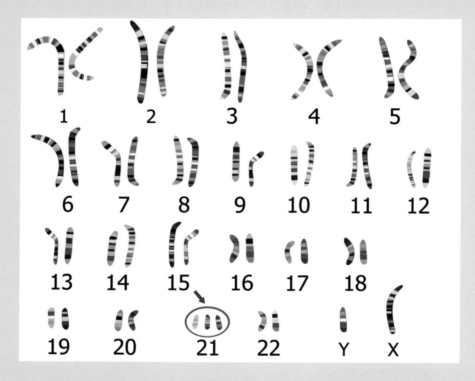

唐氏综合征的核型

人们通常认为遗传病是命中注定的"不治之症"，真的是这样吗？事实上，对于某些遗传病，人类已经破译其"遗传密码"，并采取了科学方法进行临床干预，通过饮食、药物、手术等手段达到了改善或治愈的目的。例如，多指、兔唇可通过手术矫治；狐臭，只要将患者腋下分泌过旺的腺体剜除，就可治愈；苯丙酮尿症患者在早期（出生后7～10天最佳）开始防治，在出生后的3个月内，给患儿低苯丙氨酸饮食（如大米、大白菜、菠菜、马铃薯、羊肉等），可促使婴儿正常生长发育,等到孩子长大上学时,就可适当放宽对饮食的限制了。

需要特别提出的是,在基因疗法还没有彻底实现的现阶段,我们能做的仍然是"治标不治本",只能消除一代人的病痛,对致病基因本身并没有丝毫触及,致病基因仍将按照固有规律传递给患者的子孙后代。

2. 生命说明书

民间传言,有"高人"能通过分析生辰八字,推算出一个人一生的运势,包括健康、情感、财运、子嗣等,是不是很厉害? 可如果有一天,医生拿出你的"生命说明书",告诉你大概会得什么病,比算命还灵验,你会不会觉得这是天方夜谭?

基因检测给你一份"生命说明书"

"人类基因组计划"这个具有划时代意义的大科学工程已经完成多年，人类对遗传信息的了解和掌握也有了前所未有的进步。随着基因检测技术的不断发展和完善，检测成本骤降，令"个人基因组时代"成为可能。也许要不了多久，人们就能拿到自己专属的那份"生命说明书"（基因检测报告）啦！"生命说明书"里包含了哪些内容呢？

　　据统计，每个人身上至少有2种疾病的易感基因。易感基因就像疾病的种子，当它们接触到某些不良环境时，就会萌发疾病，携带某种疾病易感基因的人群的该病发生率比其他人群要高出很多，而阻止种子萌发的前提条件就是及时地找到该种子。一个完整的人体基因检测可以对近百项重大疾病的发生率做出评估，加上对遗传基因的分析，你便能够获知自己处于哪些重大疾病的高风险状态，也就可以抢在疾病发生前采取针对性的预防措施，改变生活方式和不良习惯，调控疾病种子的萌发环境，甚至对处于萌芽状态的疾病实施手术，以确保你远离重大疾病。

　　好莱坞明星安吉丽娜·朱莉的妈妈与癌症斗争了近10年，饱受痛苦。朱莉在做了疾病易感基因检验后，发现她遗传了妈妈的 $BRCA1$ 基因（即乳腺癌易感基因1），导致其患乳腺癌和卵巢癌的概率分别高达87%和50%。为了不重蹈妈妈的覆辙，朱莉决定先发制敌，迅速做了双乳乳腺切除手术，将发病的可能性减到最小。

　　当然，现在的研究水平还不足以让科学家充分理解基因检测报告里的所有内容，但我们相信随着研究的不断深入，人类对它的解读会越来越深入！基因检测报告——个人的专属"生命说明书"，值得拥有！

第5讲　玩转基因

细胞内,DNA在细胞分裂时进行自我复制,将遗传信息准确无误地传递到分裂形成的两个细胞中;DNA修复系统四处奔波,修复受损DNA,誓死保卫"天书"的完整性。细胞外,科学家为了解读"天书"的奥秘,绞尽脑汁开发新技术。随着聚合酶链反应(PCR)技术的开发、限制性核酸内切酶和DNA连接酶的发现,在体外进行DNA分子的切割与连接已经不是难事。各种基因编辑工具的成功开发,也让人们不禁感叹"曾经的天方夜谭已变得触手可及"。

1. 乡间公路带来的灵感

现在,复制一段DNA已是许多实验室的例行工作。这种现在认为是易如反掌的工作,却曾经让科学家大伤脑筋。因为DNA在复制时,两条以氢键结合的互补链必须先行分开,然后才能作为复制的模板,而打开双螺旋的最简单方法就是加热。在高温下,双股DNA链会分离成单股,等温度降低后,互补的两条DNA链又重新结合到一起。虽然DNA分子能耐高温,但进行DNA复制所需的聚合酶是蛋白质,在高温下会失去活性。再者,要在海量的DNA序列中,以一小段已知序列为模板而合成的引物作"诱饵","钓"出所需的片段并进行复制,这与大海捞针差不多,无疑是一个非常棘手的难题。

PCR的发明人,一般公认是凯利·穆里斯——1993
年诺贝尔化学奖获得者。说来有趣,根据他的说法,
PCR的想法竟是这样诞生的:在1983年春天的一个周五晚
上,他前往乡间的小屋度周末,在蜿蜒的乡间公路上开车时,一
段DNA反复复制的景象,便在他的脑海里冒了出来。

凯利·穆里斯登《自然》杂志封面

PCR大致是这样进行的:将作为模板的DNA序列、聚合酶、混有
4种脱氧核苷酸(dNTP)的混合物、引物和缓冲液一起加入到一种
特制的小的薄壁塑料管中。先将试管置于95℃的高温中30秒,使
DNA模板拆开成两条链(预变性);然后维持95℃高温15秒,让
DNA模板彻底打开(变性);将试管转置于56~68℃的环境中约15
秒,使一对引物分别结合到两条分开的模板上去(这步称"退火");
再在72℃的温度下放置约30秒(放置时间与需要复制的DNA片
段长度成正比),使单核苷酸从引物的一端一个接一个地连接
上去,从而复制出两条新链(这步称"延伸")。于是,1个
DNA双螺旋分子便成了2个。再重复一遍从变性到延伸的

温度循环,2个便成4个……如此循环下去,便可以得到大量的DNA分子。一般会做25次循环,可使DNA扩增3000多万倍。

当然现在不需要人工把管子转移到不同温度中来完成PCR实验,这一切都可以在带电脑控制的PCR仪中进行(仪器会根据你的设置变换温度),非常方便。

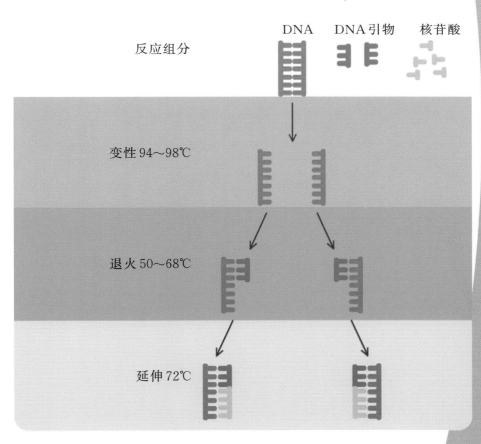

PCR原理示意图

令PCR技术真正成熟的临门一脚,是耐高温Taq DNA聚合酶的引入。最初的PCR技术有一个缺点,DNA聚合酶不耐热,超过90℃即失活。而在PCR的操作过程中,需要反复加热与降温,因此在每一次冷热循环之后,都要加入新鲜的聚合酶。这个做法花费很高,在20世纪80年代,一次循环所需的聚合酶值1美元,30个循环下来就是30美元。同时,这样做也相当烦琐,不利于实现反应的自动化。穆里斯将Taq DNA聚合酶应用到PCR技术中,发现效果好得惊人。自此,PCR技术取得了完全的成功。

PCR仪器

2. 神通广大的PCR

PCR可以将微量的DNA大量扩增,且操作简单、省时、准确率高,因此在医学研究、诊断学、法医学和遗传学等领域得到了广泛应用。

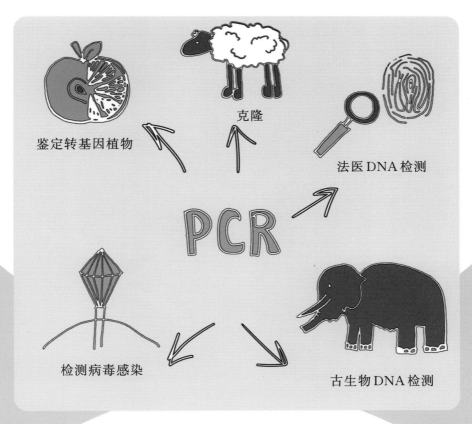

鉴定转基因植物

克隆

法医DNA检测

检测病毒感染

古生物DNA检测

PCR技术的应用

（1）遗传病的产前诊断

为孕育一个健康的宝宝，准妈妈们会定期去医院进行产前检查，这是减少先天性缺陷和遗传病胎儿出生的重要措施。只需要一点点母体血液或者胎儿羊膜细胞甚至羊水，就可以利用PCR相关技术检测各项指标是否正常。例如，了解孕妇是否患有某些对胎儿发育有严重影响的疾病，如单纯疱疹病毒、弓形虫感染等，以便及时发现和治疗，并采取有效措施预防发展为宫内感染。另外，对于高发遗传病（如唐氏综合征、地中海贫血）的检测已在临床应用多年，为优生优育做出了巨大贡献。

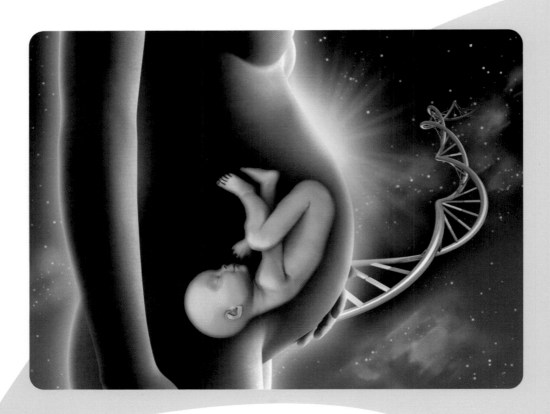

遗传病的产前筛查示意图

（2）疾病检查

研究发现，几乎所有的肿瘤细胞都有原癌基因的恶性转化。原癌基因存在于正常细胞中，只有被激活后才能诱导细胞增殖失调并最终癌变。临床上不需取活组织，可以利用PCR技术直接检测病人体液样本中活化的癌基因，并据此进行肿瘤的早期诊断、分型、分期和预后判断。此外，乙肝病毒、丙肝病毒、结核分枝杆菌等PCR诊断试剂盒的出现，对相关疾病的诊疗具有重要的意义。

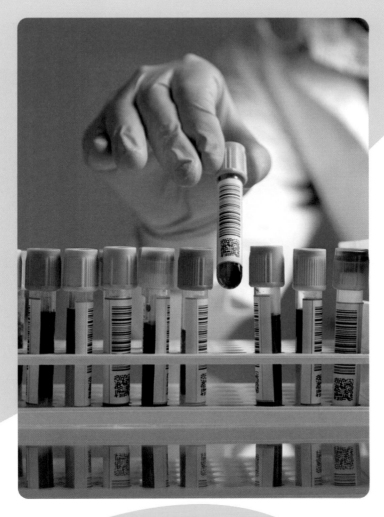

疾病筛查

（3）致病病原体的检测

2013年，H7N9型禽流感疫情的爆发让公众的目光再次聚焦于基因检测技术。研究人员从患者的分泌物样本中分离出病毒，并迅速利用PCR相关技术进行遗传物质鉴定，获取了准确的流行病学信息，为疫情的控制争取了宝贵的时间，避免了疫情的大规模蔓延。

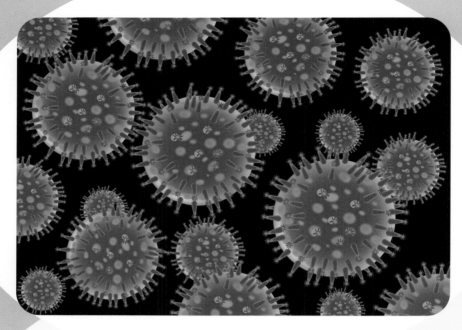

流感病毒

（4）案件侦破

人类的DNA就像指纹一样，具有独特的个人密码。通过罪犯在案发现场遗留下来的毛发、皮屑、血液等极少量物证，便可获得他们的遗传信息。只要分离出一丁点的DNA，用PCR技术加以放大，就可以进行比对。

2016年8月，震惊全国的白银连环杀人案宣布告破，而犯罪嫌疑人的落网和他的一个远房亲戚犯罪有关。警方在对其亲属做Y染色体检验时，发现与数据库中白银连环杀人案凶手在案发现场所留的DNA高度吻合，经过Y-DNA复核检验和家系排查，最终锁定嫌疑人，破获了这桩惊天迷案。

据统计,我国每年约有20万儿童遭拐卖,能找回来的只占0.1%。2009年4月9日,全球首个"打拐DNA信息库"在我国建立。只要采集到丢失孩子的父母的血样以及失踪儿童的血样,数据库就可以通过DNA信息比对在全国范围内进行迅速、准确的查找。随着数据库信息的不断完善,越来越多地被拐者通过数据库找到了亲生父母。

DNA指纹

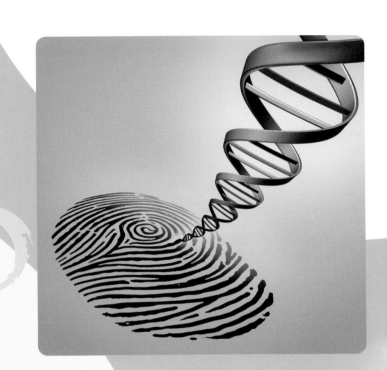

（5）分子考古学

从古到今,关于人类的起源与演化问题出现过种种猜想,研究者也试图做出令人信服的解释。1856年,在德国尼安德河谷发现一种古人类(尼安德特人)化石。1997年,进化遗传学家斯万特·帕博和同事第一次从已经灭绝的古人类身上提取到DNA,将其与来自世界5个地区的现代人基因组进行比较后发现,尼安德特人与分布在欧亚的人群祖先可能曾在小范围内通婚,现代人有1%～4%的遗传信息源自尼安德特人。

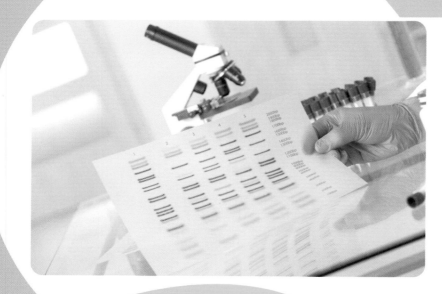

分子考古

30多年前，没有人能料到DNA复制会给生物学和人类健康带来如此大的改变，也一定想象不出PCR技术今天的模样。30年后的今天，PCR技术仍在不断发展，我们期待各种衍生技术的持续开发可以为基因扩增、疾病诊疗带来更精准的指引。

3. 巧夺天工的基因编辑

既然DNA是决定生物个体健康的内在因素，那么对含有错误信息的DNA进行修正，把有缺陷的部分去掉，替换上正常的，不就可以治病了吗？DNA的结构相当紧密而复杂，所有的遗传信息排列在近2米长的DNA上，并聚集在几微米的细胞核里。若想剪辑特定位置的DNA，首先要迅速地找到正确的位置。然后，需要一把合适的"剪刀"，而且这把"剪刀"只能对错误的DNA进行改动。这些似乎没那么简单哦！那么，我们该如何编辑和修改基因呢？

这里掌声欢迎这一部分的主人公闪亮登场,它们分别是质粒、限制性核酸内切酶和黏性末端。

(1)神奇的运输车:质粒

质粒广泛存在于生物界,是细菌、酵母等生物中独立于染色体以外的遗传因子。跟染色体不同,它存在于细胞质中,且表面没有覆盖任何蛋白质,说白了就是一段DNA环。质粒分子的大小从1kb(1kb即1000个碱基对)到1000kb不等,细菌质粒多在10kb以内,可不要小看这个个头小小的环状遗传物质哦,它的本领大着呢!它具有自己的生命周期,能够独立生活在其他寄主细胞里,可随着寄主的生命活动不断地自我复制、传宗接代,并在宿主细胞中表达所携带的遗传信息。我们可以把外源基因整合到质粒中,再运输到宿主体内,所以质粒其实就是外源基因的运输车!

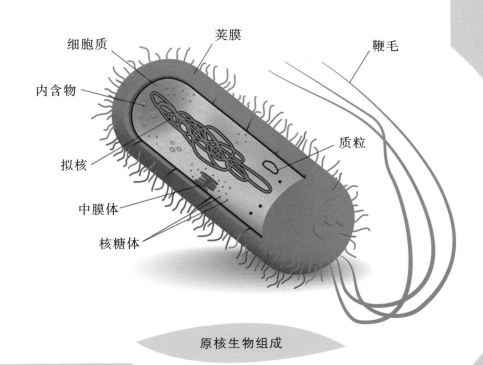

原核生物组成

（2）特别的剪刀：限制性核酸内切酶

怎样把外源基因整合到运输车上呢？不要着急，我们有从原核生物中分离纯化出的限制性核酸内切酶！它就像一把锋利无比的剪刀，可以识别双链DNA分子中某段特定的核苷酸序列，并从此处切割DNA双链结构。只要有它在，我们不但可以把要导入的基因从特定位置剪出来，同时也可以把质粒剪开。

限制性核酸内切酶分布极广，在所有细菌的属、种中几乎都发现了至少一种限制性核酸内切酶，多的在一个属中就有几十种。例如，在嗜血杆菌属中已发现的就有22种。这些限制性核酸内切酶在修剪质粒和外源基因时，有着各自独特的方法，并不是任何地方都可以进行剪裁操作，它们必须找到对应的位点才能切割。通俗地说，这把剪刀自带一套复杂的扫描系统，能对基因和质粒的表面进行扫描。只有遇到能够剪裁的位置时，它才会果断出手，并且不出任何误差。这就是限制性核酸内切酶的神奇之处。

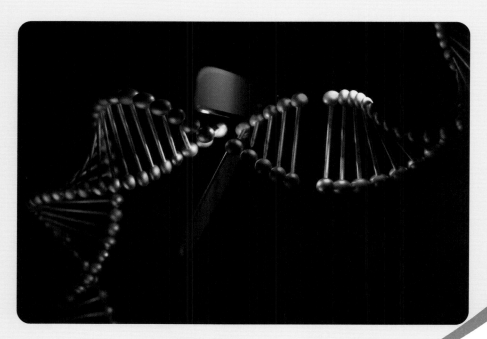

限制性核酸内切酶剪切示意图

（3）神奇的胶水：DNA连接酶

限制性核酸内切酶在将质粒和外源基因剪开后，又是如何把它们拼接在一起的呢？在微观世界中，到底有没有这样的神奇胶水呢？

为了保证连接的天衣无缝，需要拼接的地方的碱基最好可以通过互补配对黏合在一起。被不同的限制性核酸内切酶切割后，质粒和目的基因会形成两种类型的末端，即平末端和黏性末端。针对不同类型的末端，其黏合的效率是不一样的！

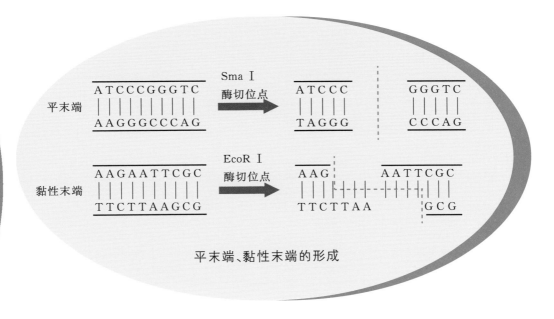

平末端、黏性末端的形成

首先来看下平末端的连接。顾名思义，平末端的特点是，当限制性核酸内切酶从识别序列的中心轴线处切割时，切开的DNA两条单链的切口是平整的。可以用T4 DNA连接酶催化两条DNA双链上相邻的5-磷酸基和3-羟基之间形成磷酸二酯键来进行"黏合"，但这种连接效率往往比较低。黏性末端是由识别序列被限制性核酸内切酶交错切割而成的，切口呈犬牙交错状，这样需要拼接在一起的质粒和外源基因就可以依靠碱基互补配对时形成的氢键，很牢固地黏合在一起。就像古代木质建筑中的榫卯一样。同时，在DNA连接酶的作用下，再把相邻的核苷酸的磷酸二酯键连上就可以了。

69

（4）基因编辑技术的发展

随着基因工程技术的飞跃发展，科学家利用限制性核酸内切酶这把神奇的剪刀，通过删除一段DNA或加入一段DNA等方式，在体外进行基因重组。同时，科学家也在不断寻找和探索在体内"修正"基因组遗传问题的方法。基因编辑又称"基因组定点修饰技术"，是近年来发展起来的新兴技术，它能够在基因组尺度上对DNA序列进行靶向特异性的精确修饰。此过程既模拟了基因的自然突变，又修改并编辑了原有的基因组，真正达到编辑基因的目的。

目前，基因编辑技术应首推CRISPR/Cas系统。我们都知道，人体有一套主动免疫系统。当人体第一次接触某种致病微生物时，免疫细胞会把它的特征记录下来，同时合成抗体。这样下次再有同样的微生物入侵时，人体就能准确识别，并将它迅速消灭。细菌常常使人患病，但细菌也有"生病"的时候，它们也会遭遇外源核酸入侵者的攻击。除此以外，细菌之间还可以通过质粒交换DNA片段，这些质粒就能在宿主细菌体内寄生，消耗资源。为驱逐病毒和质粒这些入侵者，细菌等原核生物进化出一系列应对这些威胁的武器，比如我们前面提到的限制性核酸内切酶，它们可以在特定序列上对外源的目标DNA进行切割。但这些防御工具比较迟钝，每个酶只能识别特定的序列。于是某些细菌为了对抗病毒，发展出了一套与人体主动免疫相似的系统，就是CRISPR。当病毒入侵时，CRISPR可以把病毒的遗传物质切一小段下来，保留到系统内，作为识别特征。倘若病毒不知好歹，再次入侵，CRISPR就会快速在系统中识别出病毒的遗传信息，并把由这段序列转录出的RNA序列信息输入到一个导航系统里，然后与Cas联手。后者就像抗体一样，依靠导航去找寻所有可疑序列，一旦发现，立刻将其剪断，破坏所有能与这一序列配对的入侵DNA或RNA序列病毒，这样细菌的命就保住了。这就是CRISPR系统的工作原理。

2012年，珍妮弗·道德纳和埃玛努埃勒·沙彭蒂耶意识到了这一系统的意义：细菌要提防的病毒很多，所以CRISPR/Cas系统可以精准地识别许多碱基序列，稍加改造，就有可能以此建立一套精准、易于调整的基因编辑系统，实现对靶基因的敲除、定点突变或者引入新的外源基因。麻省理工学院的张锋教授利用此系统实现了对真核细胞生物的基因编辑，并给此技术带来了"暴风骤雨般的改变"。改造后的CRISPR/Cas9系统，因设计简单、效率高和适用范围广等优点，很快受到大家的广泛关注，相关研究成果呈现井喷。2015年4月，中山大学的黄军就教授、松阳洲教授及其研究团队成功运用CRISPR/Cas9系统编辑了人类胚胎，对导致遗传病地中海贫血的缺陷基因进行了改造；2017年8月，解放军307医院陈虎教授、北京大学邓宏魁教授和他们的同事利用CRISPR/Cas9系统，在人胎儿肝脏造血干/祖细胞中让CCR5基因发生突变，并且证实这些改造后的细胞在移植到小鼠体内后能够阻断艾滋病毒感染。

4."改邪归正"的病毒

（1）邪恶的病毒

当埃博拉病毒肆虐西非，感染者出血不止并在剧烈疼痛中死去时；当"禽流感"四处蔓延，大量家禽被捕杀时，人们闻"毒"色变。病毒看不见，摸不着，却能悄无声息地侵染宿主细胞，整合到宿主基因组中，并以超乎想象的速度进行复制，夺取宿主的生命。病毒究竟长什么样子？为什么具有如此可怕的杀伤力？

病毒是世界上最简单的一类微生物，比一般的细菌还要小几个数量级。它们结构简单，通常由一个蛋白质外壳包裹一条DNA或者RNA构成，有的甚至连蛋白质外壳都没有。目前，科学家还发现一种更为奇特的病毒——朊病毒，它的整个身体就是一个蛋白质外壳，它可是引起"疯牛病"的罪魁祸首！下面我们就以噬菌体病毒为例,让大家见识一下它的"庐山"真面目。

噬菌体的结构就像一个尾部带有着陆器的注射器,头部膨胀,里面装载着遗传部件 DNA 或者 RNA。噬菌体通过尾须附着在宿主身上,并迅速将遗传物质注射进宿主体内。经过不断的自我复制、拼接、组装,最终形成与上一代噬菌体一模一样的子代,在耗尽细胞的营养物质后,子代噬菌体就会冲破细菌的细胞壁释放出来,继续感染其他的细菌。

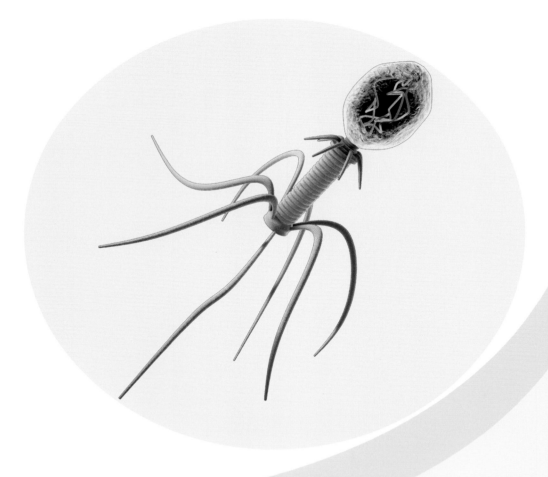

噬菌体病毒

（2）改造和利用病毒

质粒可以把外源基因携带到宿主体内，但质粒毕竟不是宿主细胞生长繁殖所必需的物质，甚至对于细胞来说，质粒还是个沉重的包袱。因此在遇到高温、紫外线等恶劣情况时，携带外源基因的质粒可能会自行丢失。另外，质粒运输外源基因的效率也不高。所以，如果想让外源基因在宿主细胞中快速、长久、稳定地表达，单凭质粒似乎并不完全可靠。因此选择合适高效的基因导入系统尤为关键。

病毒非凡的感染能力和高效的靶向性引起了科学家的关注。近20年来，已有少数几种病毒，如反转录病毒（包括 HIV 病毒）、腺病毒和疱疹病毒等被成功改造成基因导入载体。它们的共同特点是可携带外源基因并介导外源基因的转移和表达（可将外源基因插入宿主基因组内，使其稳定表达），同时对机体不致病。2009年，宾夕法尼亚大学的阿尔伯特·麦奎尔和简·贝内特带领团队对12名患有莱伯先天性黑朦（由 RPE65 基因缺陷引起，可导致病人视网膜变性和失明）的病人进行了治疗。他们将一种腺病毒注射进病人眼中，里面含有完好的 RPE65 基因。结果，所有病人的视力都得到了改善。在米兰的圣拉菲尔募捐基因治疗研究所，研究人员使用由人体免疫缺陷病毒（HIV）改良的病毒，成功地将健康基因导入了人类细胞，有效地治疗了数名患有维斯科特-奥尔德里奇综合征的病人。

人体免疫缺陷病毒（HIV）

　　"改邪归正"的病毒正在以崭新的面貌在多个领域发挥着巨大作用。病毒种类繁多，目前能为人类所用的病毒还屈指可数。但我们有理由相信，随着对更多病毒的生活周期以及病毒与疾病关系的深入认识，科学家能够不断地优化病毒改造技术，加快病毒的改造进程，未来的病毒产品一定会超越我们的想象！

第6讲 转基因的空间

自从人类开始驯化、养殖动物和耕种作物以来,就从未停止过对动植物进行遗传改良。传统的育种方法是在人为干预下,让携带优良遗传性状基因的亲本通过有性杂交,获取优于亲本的子代个体,通过随机和自然选择的方式来积累优良基因,使目标物种最大限度地具备对人类生产、生活有利的特性,同时减少不利的性状。

要知道农作物、花卉、树木的培育都有漫长的周期。已经了解基因遗传定律的大家一定不难理解,传统的育种方法是多么的耗费时间。

1. 神奇的转基因技术

随着对基因重组技术的深入理解,科学家意识到可以通过人工方法改造出更优质的动植物,转基因技术由此逐渐被应用于基础科学研究、医药、工业、农业等各大领域。那么到底什么是转基因技术呢?

转基因技术就是将人工分离和修饰过的基因导入到生物体基因组中,通过外源基因的稳定遗传和表达,达到品种创新和遗传改良的目的。这里的外源基因是指生物体中原本不存在的基因。转移了外源基因的生物体会因产生了新的多肽或者蛋白质而出现新的遗传性状。当然也可以通过干扰或抑制基因组中原有某个基因的表达,去除生物体中某个我们不需要的遗传性状。

转基因技术是怎么实现遗传物质转移的呢？这里简单地介绍几种方法！

（1）基因枪法

基因枪就是利用高压气体（氦气或氮气等）将包裹了DNA的细微金粉打向细胞，穿过细胞壁（植物）、细胞膜、细胞质等层层结构最终到达细胞核，并随机地插入到靶细胞的基因组中，完成基因转移。当然，这样做肯定会打死很多细胞，但总有几个带有目的DNA的细胞存活下来，这也足够让我们得到转基因植物或动物了。

（2）核显微注射法

核显微注射法是在显微镜下，用一根极细的玻璃针（直径1～2微米）直接将外源DNA注射到受精卵的细胞内，注射的外源基因与胚胎基因组融合，然后对其进行体外培养，最后再移植到受体动物子宫内发育，随着受体动物的分娩就可能产生出转基因动物个体了。

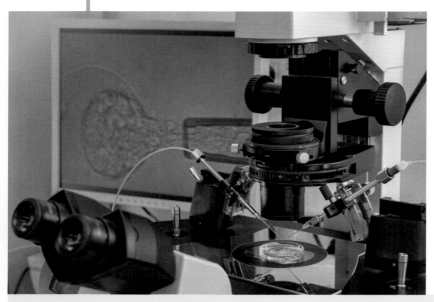

核显微注射平台

（3）病毒感染法

逆转录病毒（如艾滋病毒）可以把它们的RNA基因组反转录成DNA后插入宿主的染色体中。逆转录病毒法就是用"改邪归正"的逆转录病毒直接感染受精卵，这样其携带的外源基因便可直接整合到宿主染色体上。

转基因技术丝毫不神秘，大自然界中时刻都有基因转移事件发生。毫不夸张地说，当人还未出生时就有可能遭受病毒的侵袭。要知道，某些病毒可以把自己的遗传物质强行插入宿主的基因组里！当然，如果插入的是体细胞基因组，那么改变的只是部分体细胞（如乙肝病毒就嵌入在肝细胞DNA中），不遗传。那病毒会不会插入生殖细胞的基因组，一代代遗传下去呢？会的。在哺乳动物的长期进化中，曾有大量的逆转录病毒侵入了生殖细胞，插入了我们祖先的基因组中并一直传递下来，成为了内源性逆转录病毒（ERV）。人类的基因组中有多达8%的序列来自ERV。这些病毒大部分已经插入人类的基因组长达几千万年，它们的基因序列也因累积了大量的突变而很难表达和产生活病毒了，更何况人类进化到现在已经有很强大的免疫系统、血睾屏障和血卵屏障，病毒很难接近生殖细胞，改变人类生殖细胞基因组的可能性微乎其微，所以大家可以不用担心！

2. 天使与魔鬼的斗争

地球人口仍在高速增长，预计在2040年左右将达到80亿，人类对食物的需求会不断增加。依赖传统育种模式，靠天吃饭的局面必须得到扭转。随着转基因技术的飞速发展，转基因农产品逐渐进入了人们的日常生活。国际农业生物技术应用服务组织的统计数据表明，28个国家种植了转基因作物，全球约81%的大豆、35%的玉米、30%的油菜籽都是转基因产品。

转基因与非转基因食品

　　转基因产品可以快速有效地利用有价值的基因资源，提高产品的数量，降低生产成本，还能增强作物的抗虫害、抗病毒等能力，好处多多。然而，转基因农作物的大量种植一直都处在争论和批评的漩涡中，这是为什么呢？

　　我们不妨来看看人们担心的首要问题："吃转基因食物会致病吗？"理论上，外源基因产生了新的多肽或者蛋白质，其在自然界原本就存在，只不过是多了一种表达它的生物体而已。蒸、煮、煎、炸、烤，这些烹饪手段足以让蛋白质变性（变性作用是指改变蛋白质分子内部结构和性质的作用）。就算我们吃的是凉拌的没有变性的食物，食物在胃酸（pH 2～3）的侵袭下以及各

种功能强大的蛋白酶的左右撕扯下,再顽强的蛋白质也会被分解成氨基酸并被肠道吸收。

　　吃了转基因食物,外源基因就能插入我们的细胞基因组里吗?如果这么容易就发生基因转移,那么这个世界不就乱套了。在没有转基因技术之前,人类就开始食用大米、玉米、猪肉、牛肉等食物,并没有发现哪个物种的基因组在人身上有所表达!从另外一个角度思考,正因为在自然条件下转基因发生的概率微乎其微,所以科学家才要费尽心思开发各种各样的转基因方法,以便导入外源基因!

有些人担心吃了转基因食物后会过敏。其实，某些非转基因食物也存在这个问题，如花生会在特定人群中引发过敏反应。在转基因作物大量投入生产前，需要进行一系列检测并做好标记，以提醒大家注意食用安全。我国已实行转基因食品标识制度，凡销售的转基因食品中含有转基因成分的，均需在包装上标明"转基因"。

除了吃的问题，我们不妨再来看看它的存在会有哪些潜在的危害吧！

第一，现有的转基因技术尚不能将外源基因准确地植入受体生物基因组的特定位置中，导致无法预见外源基因在受体环境中是否产生新的、未知功能产物（如非编码 RNA），也不能完全准确地预见其是否对受体基因表达产生影响。

第二，害虫对杀虫剂的抗性增强。转基因作物的抗药性增强，势必对害虫的选择也更加严苛，这和抗生素的使用是一个道理。

注 基因漂移是指一种生物的目标基因向附近野生近缘种的自发转移，导致附近野生近缘种发生内在的基因变化，具有目标基因的一些优势特征，形成新的物种，以致整个生态环境发生结构性的变化。

第三，出现超级杂草。转基因作物与其近缘野生种间的基因漂移，可导致近缘野生种具有目标基因的一些优势特征，形成新的物种，给农业带来负担。2000 年，加拿大就曾经暴发过著名的"超级杂草"事件，由于基因漂移，在加拿大的油菜地里发现了个别油菜植株可以抗多种除草剂。

第四，生态压力。除草剂、杀虫剂的过量使用可能会危害该区域其他物种的生存，并可诱导新型病毒的产生，进而破坏该地区原有的生态平衡。

近些年来，关于转基因技术的争执仍不绝于耳。很少有一项技术像转基因这样，让双方观点如此对立：相互矛盾的实验证据，极端愤怒的话语表达，莫衷一是的研究结论……这场旷日持久的争论估计在很长一段时间里还会继续下去。我们需要做的就是：认真对待转基因作物可能存在的问题，积极开展转基因技术研究，齐心协力把转基因应用锁定在安全可控的范围内。

第7讲　表观遗传学

现实生活中的你可能率直豪爽、能言善辩，也可能稳重内向、少言寡语；可能身材高挑、容貌秀美，也可能短小精悍、相貌普通；可能身心健康、精神抖擞，也可能身体柔弱、容易疲惫。从本质上说，这都是遗传物质在施展它的魔力。然而大千世界，无奇不有，下面这些现象又似乎在告诉我们，基因并不能决定一切。

在一个蜜蜂王国中通常有成千上万只成员，除少数雄蜂和一只享受至高无上待遇的雌性蜂后外，其余都是寿命短暂且没有生育能力的雌性工蜂。正常情况下，蜂后在王台和工蜂房产下受精卵，这时所有受精卵中的遗传物质都是一模一样的，在孵化成幼虫的头三天喂的也都是蜂王浆。随后，可怜的工蜂就只能吃蜂蜜和花粉，而王台里的幼虫则可以终生享用蜂王浆。最先破蛹而出的蜂后会下令杀死所有还未破蛹的候选蜂后们，成为新的蜂后……按照孟德尔的遗传定律，拥有同样遗传物质的生物就应该表现出相同的性状，可蜂后和工蜂在外部形态、内部解剖结构、生理和行为上都存在巨大差异，这是为什么呢？蜂王浆到底是什么灵丹妙药，吃了它居然有这么神奇的效果？

2016年2月，英国一对夫妇生下一对同卵双胞胎。但令人惊讶的是，姐姐阿梅莉亚皮肤黝黑，有着黑色的头发和棕色眼睛，而妹妹贾丝明却皮肤白皙，有着蓝眼睛和一头灰褐色的卷发。我们知道，双胞胎分同卵双胞胎和异卵双胞胎两种。如果这对小姐妹分别来自两个不同的受精卵，出现这样的不同似乎很正常。可她们来自同一个受精卵，从父母那里获得完全相同的遗传物质，拥有一模一样的基因，因此她们的性别、血型、智力、甚至对疾病的易感性都应该是一致的。如果蜂后是一直吃蜂王浆才变得与工蜂不同，可是这对双胞胎姐妹在妈妈肚子里享受的是同等待遇，为什么会有如此大的差异呢？

黑白双胞胎

　　奇怪的现象层出不穷,人们发现孟德尔遗传定律已经无法给出合理解释。科学家们也开始犯嘀咕了:难道除了基因外,还存在某种非基因的遗传因素? 20世纪末,人类基因组计划轰轰烈烈地展开,随着DNA序列变得越来越明晰,人们惊讶地发现,原来基因远远不是直接翻译成蛋白质呈现出表现型这么简单。

　　首先,基因不能不分场合、不分时间地随意表达。如那些组织特异性基因只有在特定细胞里表达,才能维持细胞特定的功能和形态,还记得皮肤细胞和血细胞的差异吗?小朋友出国回来,是否经历过倒时差?大白天想睡觉,疲倦乏力,头晕耳鸣,有时候会出冷汗、拉肚子,这是因为你的生物钟紊乱了。科学家发现,人的生物钟主要是四种基因及其表达的蛋白质共同作用形成的24小时生物节律(如Per蛋白会在不同时段有不同的浓度,以24小时为周期增加和减少),影响着人体一天中不同阶段的生理活动。那么是谁在控制基因的表达地点、程度和时间呢?此外,那些神秘的非编码序列,又听了谁的话在默默地发挥作用呢?谁来感知外界环境刺激和细胞内部变化?谜题越来越多,但都在告诉我们一个事实,遗传并不是DNA(或基因组)在唱独角戏。

于是,科学家提出了"表观遗传学"的概念。可以这么理解表观遗传学:DNA是"白纸黑字"的遗传信息,但环境刺激或者内部诱因仍有作用空间,可通过复杂的机制在DNA或DNA缠绕的蛋白质上做些标记(如加一些微小的化学修饰),或者把写满遗传信息的DNA链"拧巴一下",让基因沉默或者激活,来改变生物体的一些性状。更为关键的是,这些标记方式可以遗传。看起来好像有点复杂,实际更复杂!让我们来了解一下科学家是如何发现表观遗传学的作用机制的吧!

1. 容易发胖的一代

1944年冬,荷兰部分地区严重短缺粮食。在整整6个月的时间里,每人每天的食物配额低到仅有400~800卡路里,史称"饥饿严冬"。对于10岁以下的儿童,每天推荐的热量是1200~1400卡路里,而对于中等活动量的成年人,每天则需要至少2000卡路里的能量摄入。科学家在研究此次饥荒对后代健康的影响时发现,怀孕早期挨过饿的妇女生下的小孩在出生时正常,但成年后有比较高的肥胖以及2型糖尿病发生率,而在妊娠晚期(怀孕七八个月)经历饥荒的妇女,她们生下的小孩则不受影响。如果说这是一个遗传学现象,那么同一对夫妻生下的孩子应该都容易发胖,或者至少有的孩子随机地容易发胖,而不会出现只有妊娠早期挨过饿的妇女所生的孩子才会受到影响。因此,很多人都推测这是一个表观遗传学现象,即父母给孩子的基因没有什么变化,但由于环境改变(饥饿),基因组加了某些表观遗传学标记,使身体能够充分运用当时得来不易的珍贵养分,所以当饮食无虞时,就容易发胖了。

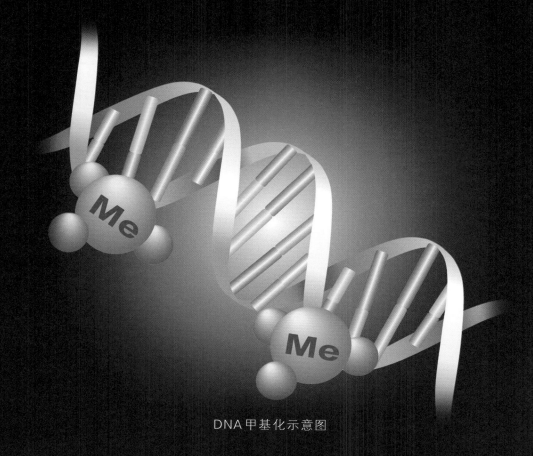

DNA甲基化示意图

经过多年的不懈努力,科学家发现了一种表观遗传学标记——甲基化(加上-CH₃),它就像一个帽子,DNA带上它,基因关闭;摘掉它(去甲基化),基因表达。机体不希望某些基因信息被读取时,可能会给它戴上很多甲基帽,使得基因无法读取,发挥功能。外界环境刺激会不会给基因组加上这样的标记呢?

功夫不负有心人,研究人员找到60位研究对象(他们的母亲在怀他们的时候,妊娠早期经历过荷兰饥荒),发现他们体内*IGF2*基因的DNA甲基化水平偏低。一般来讲,DNA甲基化水平越低,基因的表达量越高。也就是说,这些受到饥荒影响的人,*IGF2*表达量高。*IGF2*是一种生长因子,促进生长发育。当*IGF2*高时,人就容易发胖。还有人推测,这个基因DNA甲基化水平低是因为食物少,使DNA甲基化的原料甲硫氨酸(一种氨基酸)也少了,当然这个假说还需要验证。也有少量证据表明孙子辈可能也会受到影响。所以,如果你发现身边也有人吃得少却很胖,或许正是因为这个原因,而不是他们在偷偷地吃东西哦!

饥饿会影响表观性状,科学家还发现不同食物也能引起DNA甲基化的差异。蜂王浆里富含胆碱和叶酸,这两种物质可以在碳循环和甲基传递的化学反应中提供必要的成分,帮助甲基化过程的发生。研究发现,正是食用了蜂王浆导致那些被挑选为蜂后的幼虫在基因表达方面与工蜂大不相同。真不愧是改变命运的蜂王浆啊!

因为甲基修饰程序不同,造成相同基因在不同时间的表达不同,或者有的基因表达有的基因不表达。所以,我们大概可以明白,为什么即使有相同的基因,表现出来的性状却并不相同。但是,在哪里带上这些小帽子?什么时候带?带上了以后什么时候取下来?这些过程是由什么决定的?这些过程又是怎样影响基因表达的?这些问题还有待进一步探索。当然,表观遗传并非只是DNA甲基化这么简单。科学家发现,其他表观遗传修饰,如组蛋白(可供DNA缠绕)的修饰、染色质三维空间构象、各类非编码RNA都对基因的激活和抑制发挥着重要作用。

遗传学就是这样,你刚刚以为自己弄明白了一些事情,一大堆复杂的概念又冒了出来。

2.“民逼王从”的体细胞核移植技术

《宋书》记载:从前有个国家,有一眼泉叫“狂泉”。这个国家所有臣民都喝了狂泉水,并陷入了一种疯疯癫癫的状态。唯独国王不喝狂泉水,另打新井取水喝,才得以安然无恙。结果全国上下的疯子反倒觉得国王精神有问题,于是把国王绑了起来,用艾叶烧熏、扎针、吃药,想方设法治疗他的“疯病”。最终,国王不堪忍受折磨,只能主动喝下狂泉之水,与民同疯。

这样的事情不仅会发生在人类社会,在一个简单的细胞中,也有可能出现这种“民逼王从”的现象。在细胞核国王的管控下,细胞王国的成员们各司其职,以确保细胞的正常运转。显然,只有国王与臣民齐心合力才能把这个细胞运转得井井有条,但要是臣民突然跟国王翻脸了会怎么样呢?

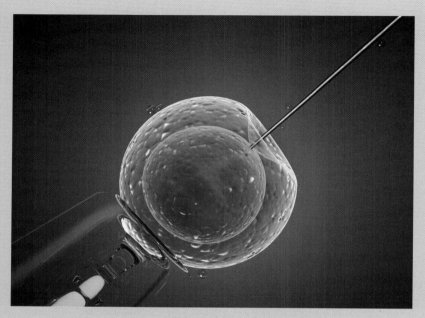

核移植技术

　　1964年,英国科学家约翰·戈登对非洲爪蟾的卵细胞来了一个"狸猫换太子"。他首先取走了卵细胞的细胞核,然后将另一个爪蟾体细胞的细胞核移植到这个卵细胞中,使之成为融合细胞。他还对这个融合细胞用电流和化学药剂进行处理,这一举动相当于在融合细胞里散播谣言:"你已经受精了,赶紧变成受精卵,然后发育成胚胎吧。"此时,被突然空降下来的体细胞国王,陷入了深深的迷茫中:"体细胞受精?那不是生殖细胞的活吗?"可怜它的意识还停留在"我是体细胞的国王啊,臣民们就要按照我的旨意做体细胞该做的事,乱吵吵什么啊"的状态。而卵细胞的臣民们还没有意识到国王已经被调包,在没搞清楚消息来源的情况下,就开始忙忙碌碌地按照原计划为发育成胚胎做准备工作,并催促国王赶紧下达让受精卵发育的指令。卵细胞的臣民们"人多势众",体细胞国王逐渐感到"众怒难犯",不得不改变自己的立场,像卵细胞国王一样,开始指导受精卵发育成胚胎。

由此可见,除环境刺激外,内部诱因也可调控基因表达。在整个过程中,卵细胞的细胞质让体细胞的细胞核转变了自己的运作模式,就像是计算机程序被重新编写了一样。因此,科学家将这种现象称为"细胞的重编程"。由于在此过程中需要将体细胞的细胞核移植到没有核的卵细胞中,所以该技术叫作"体细胞核移植重编程",又称克隆(Clone)。我们知道,自然界的许多生物在正常情况下都是由父方产生的雄性配子细胞(精子)与母方产生的雌性配子细胞(卵子)融合(受精)成受精卵(合子),再由受精细胞经过一系列细胞分裂长成胚胎,最终形成新的个体。而通过克隆技术,一个普通的体细胞也能变得像受精卵一样,具有发育成各种器官乃至完整生物个体的可能性,不得不说这是一种极具潜力的生物技术。

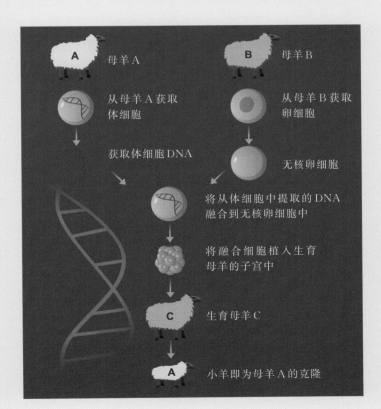

母羊A

从母羊A获取
体细胞

获取体细胞DNA

母羊B

从母羊B获取
卵细胞

无核卵细胞

将从体细胞中提取的DNA
融合到无核卵细胞中

将融合细胞植入生育
母羊的子宫中

生育母羊C

小羊即为母羊A的克隆

克隆技术示意图

注 描述克隆哺乳动物的生产过程,包括将二倍体细胞核从成熟细胞导入去核卵细胞。

人类对科学的追求是永无止境的。科学家很快又把目光投向了哺乳类生物。1996年7月5日，在英国爱丁堡的罗斯林研究所诞生了一只与众不同的羊羔——克隆羊多莉。它没有父亲，但有3个母亲，是277次体细胞核移植实验后幸存下来的唯一产物。

3. 克隆生物：生命伦理之争

多莉的出生很快在全球范围内引发了一场实验室间的竞争，也彻底拉开了克隆哺乳动物的序幕。随着克隆猪、克隆牛、克隆小鼠、克隆兔等一系列克隆生物的出现，克隆技术开始成熟并逐渐走向应用，但这也同样预示着克隆已经逼近了这个星球上最特殊的生命体——人！

而关于人的克隆，目前一直被各种伦理的、宗教的、社会的、法律的链条或明或暗地束缚着，究竟是什么原因造成了这种慎而又慎的局面呢？

第一，克隆人的身份定位模糊。他或她到底是"人"还是科研产品？要知道这可是两个截然不同的概念。不论克隆技术怎么发展，克隆人怎样产生，其与被克隆的人在实质上就是存在着年龄差的同胞胎，怎么称呼他们之间的关系呢？父子、兄弟、朋友？似乎有悖于由血统确定亲缘的伦理方式！另外，克隆人技术最初的一个想法是用于替换本体器官，即器官移植。假如，小明的心脏出了大问题，需要换一个新的，但是没有匹配的心脏咋办？很简单！克隆一个小明，那不就都有了！但是问题来了：如果我们把克隆的小明当作一个新的个体、新的人来看待的话，那么把他的心脏摘下来给小明和杀一个人来救小明有什么区别？这是对传统伦理道德的巨大冲击！

第二，从法律角度来说，克隆人应该享有法律赋予公民的基本权利吗？这又回到第一个问题，克隆人是人吗？如果是，克隆人就应当拥有人权，而不是只能待在实验室里供人分析研究；如果不是，我们又要如何对待这个形态结构甚至思维都跟我们相近的科研产品呢？不妨再考虑一个小问题，假如克隆人失控伤害了别人，从现场的血迹或者毛发证物信息里，我们根本无法判断这到底是克隆人还是被克隆人留下的罪证，因为两者的遗传信息一模一样，该由谁来承担相应的法律责任呢？

第三，克隆羊多莉的成功，经历了277次克隆羊实验失败的波折，怪胎、畸形层出不穷，这一幕如果在克隆人时重演，谁来为200多条生命的夭折负责？2003年，多莉因肺癌离开了我们，只活了6岁，而正常的绵羊通常能活12年左右。多莉的早夭再次引起了人们对克隆动物是否会早衰的担忧。克隆动物的年龄到底是从0岁开始计算，还是从被克隆动物的年龄开始累积计算，还是从两者之间的某个年龄开始计算？这似乎又是一个很难回答的问题。

4. 迂回战术：诱导性多能干细胞技术

为了克服克隆涉及的伦理学障碍和技术缺陷，科学家退而求其次，开始想方设法克隆人类胚胎干细胞。理论上，人类胚胎干细胞可以分化产生人体绝大多数的组织和器官，一旦技术成熟，需要器官移植的患者苦苦等待器官配型的岁月也许就将一去不复返了。

然而，克隆人类胚胎干细胞并非信手拈来的易事。没过多久，人们就意识到这是一个极为艰巨的任务，之前获取的技术参数都不能用在灵长类动物身上。科学家发现，包括人在内的大部分灵长类动物的细胞核似乎对自己的工作非常"专一"："民逼王从"的现象从来未曾出现过，因为逼急了，国王就索性拉着臣民们同归于尽，所以核移植重编程技术获得的人类胚胎往往在几天之内就会发育停滞，走向死亡。

就在大家心灰意冷的时候，诱导性多能干细胞（iPSCs）于2006年首次登上历史舞台。日本科学家山中伸弥利用病毒载体将4个转录因子的组合转入分化的小鼠的成纤维细胞中，使其重编为类似胚胎干细胞的一种细胞类型，即iPSCs。iPSCs为再生医学研究带来了新视角和福音。研究人员可以对人体的皮肤细胞、血细胞或者其他细胞进行重新编码,将它们转化为诱导性多功能干细胞,这些细胞可以分化为神经细胞或者其他任何需要再生的细胞。这种个性化的疾病治疗方法不仅可以规避免疫排斥的风险,还能避免使用胚胎干细胞带来的伦理方面的争论。

iPSCs前景看似广阔,但临床应用尚存在大量困难。十余年来,只有一例利用iPSCs完成的移植手术,研究人员通过移植由iPSCs培育出的视网膜色素上皮细胞层治愈了患者眼部的黄斑性病变。但是,当他们准备实施第二例手术时,却意外发现了在患者的视网膜色素细胞中存在两个微小的基因突变。尽管没有证据表明这会导致癌症,但是为了患者的安全,治疗还是暂停了。此外,重编程的机制尚不清楚,临床应用的安全性仍有待更多的研究论证。

现今的表观遗传学研究发展得如火如荼,但表观遗传还未被证明在所有外界压力下都会产生性状改变,不能够像DNA遗传那样,"一是一,二是二"。另外,一些缺失的环节仍然有待发现。例如,有研究表明,表观遗传的印记在没有环境压力的数代之后,可能会渐渐丢失。

事实上,以DNA为载体的中心法则仍是传递遗传信息的主要方式,表观遗传可作为它重要的有益补充,而不是非此即彼的针锋相对。

无论如何,获得性遗传现象的发现,足够令人深省。要知道,生命机制可远比人类预期的要复杂得多。科学,就是在"发现—推翻—再发现"中曲折前行。我们需要保持对自然的足够敬畏,哪怕一丁点儿的傲慢,或许就将让我们与真理失之交臂。